理 论 与 实 践 流 变

墨尔本
城市公共空间发展史
MELBOURNE

王祝根◎著

河海大学出版社
HOHAI UNIVERSITY PRESS
·南京·

图书在版编目（ＣＩＰ）数据

理论与实践流变：墨尔本城市公共空间发展史／王
祝根著. — 南京：河海大学出版社，2024.3
ISBN 978-7-5630-8563-7

Ⅰ. ①理… Ⅱ. ①王… Ⅲ. ①城市空间－公共空间－
空间规划－建筑史－墨尔本 Ⅳ. ①TU984.611

中国国家版本馆 CIP 数据核字(2023)第 236807 号

书　　名	理论与实践流变:墨尔本城市公共空间发展史	
	LILUN YU SHIJIAN LIUBIAN:MOERBEN CHENGSHI GONGGONG KONGJIAN FAZHANSHI	
书　　号	ISBN 978-7-5630-8563-7	
责任编辑	周　贤	
特约校对	吴媛媛	
装帧设计	张育智　吴晨迪	
出版发行	河海大学出版社	
地　　址	南京市西康路 1 号(邮编:210098)	
电　　话	(025)83737852(总编室)　(025)83787157(编辑室)	
	(025)83722833(营销部)	
经　　销	江苏省新华发行集团有限公司	
排　　版	南京布克文化发展有限公司	
印　　刷	广东虎彩云印刷有限公司	
开　　本	787 毫米×1092 毫米　1/16	
印　　张	15.5	
字　　数	282 千字	
版　　次	2024 年 3 月第 1 版	
印　　次	2024 年 3 月第 1 次印刷	
定　　价	89.00 元	

众所周知，墨尔本是闻名世界的国际宜居都市，聚焦城市公共空间发展议题，王祝根教授结合丰富的实地考察与翔实的文献史料，追溯城市公共空间发展演变的历史背景、现实问题与时代诉求，以全过程、全景化的完整视野，将这座宜居都市不同历史时期的理论探索与规划实践写于一书，系统呈现了墨尔本城市公共空间发展变迁的脉络图谱。

他山之石，可以攻玉。当前，我国正处在新型城镇化发展转型期，将增进人民福祉作为城镇化工作的出发点、立足点和落脚点，促进城市公共空间高质量发展，是深入实施以人为本的新型城镇化战略不可或缺的重要内容。作为新型城镇化建设的一道必答题，墨尔本在城市发展进程中坚持不懈的实践探索、长期积累的历史经验，对于我国的城市公共空间规划、建设与治理工作具有积极的借鉴、参考和启迪价值。

中国城镇化促进会理事长

陈炎兵

前　言

　　城市公共空间的本质,在于其所承载的社会生活、共同价值的沟通交流,以及市民因彼此共存、互相交融而激发的广泛的政治经济、社会文化意义。城市公共空间的发展演变过程与一座城市的历史起源、自然环境与地理特征,以及城市政治、经济、社会、文化等方方面面的时代背景及其发展议题息息相关,是城市空间发展理念、发展模式,以及城市发展阶段性特点的集中反映,是一个富有规律性的渐进过程。

　　因此,理解城市空间发展演变的历史规律,剖析城市公共空间的发展进程及其阶段性特征是一项不可或缺的重要工作。与此同时,对城市公共空间发展历程的梳理、对城市公共空间理论实践流变过程的探索,能够为城市公共空间研究提供一种整体性视角,既有助于全面理解城市公共空间发展演变的历史逻辑,也可以为当下及未来城市的健康生长提供历史经验。

　　结合对墨尔本自 1847 年建市至今颁布的 50 余份代表性城市规划文件与历史资料的整理研究,本书从全过程、全景化视角梳理墨尔本的城市公共空间发展历程,解读墨尔本城市化进程中不同阶段的时代背景、现实矛盾与发展诉求,追溯了城市公共空间与城市政治经济、社会文化、生态环境发展的交互关系,展现了墨尔本城市公共空间发展演变的历史图谱。

研究显示,在城市化进程中,墨尔本的城市公共空间发展经历了满足市民日常生活的基本诉求(霍都网内的街道改造)、适应城市扩张背景下郊区公共生活的改善需求(都市区的公共空间拓展)、为实现城市复兴而制定的城市设计决策(城市中心区的公共空间更新)、现代城市空间的转型探索(新城市公共空间的设计实践)、宜居城市竞争力的综合价值诉求(城市公共空间协同发展战略)等五个主要发展阶段,这五个阶段全面展示了公共空间与城市政治经济、社会文化、生态环境发展的多元交互关系,为城市公共空间规划的理论流变与实践探索建立了一个完整对应的结构性框架。

当前,我国社会的主要矛盾已经转化为"人民日益增长的美好生活需要和不平衡不充分的发展之间的矛盾"。其中,不平衡不充分的发展就包含了各类城市空间资源供需结构的不平等与不均衡,人民日益增长的美好生活需要则意味着人民群众从政治经济、社会文化、生态环境等各个角度对城市发展提出了更高要求。随着社会主要矛盾的转变,中国的城市规划实践需要妥善处理城市空间与民众多元诉求之间的关系。作为影响城市政治经济、社会文化、生态环境可持续发展的城市建成环境的重要内容,中国的城市规划与城市建设需要进一步关注城市公共空间可持续发展这一关键议题,需要高度重视城市公共空间在各个领域所能产生的广泛价值。

综上所述,本书对墨尔本的城市公共空间发展史进行考察,诠释城市公共空间与城市化进程的历史逻辑,理解城市公共空间与城市转型发展的交互关系,期冀为城市公共空间治理工作的科学推进提供一份系统性的参考资料。

目　　录

1

公共空间的概念与内涵

1.1 公共空间概念及其属性

1.1.1 公共空间概念

公共空间是源于西方近现代社会科学领域,进而被城市规划等建成环境领域广泛使用的一个专业名词。自 18 世纪起,以康德(Immanuel Kant)为代表的近现代哲学家对于公共性(Publicity)的哲学思考为公共空间作为专业名词的出现孕育了最初的思想基础。20 世纪以来,带着对现代社会公共危机的进一步思考,以阿伦特(Hannah Arendt)、哈贝马斯(Jürgen Habermas)为代表的一部分政治学家、社会学家对公共领域(Public Sphere)议题展开了长期深入的理论探索,由此衍生出了以西方社会学认识为基础的公共空间概念。此后,作为公共领域的主要物质载体,公共空间开始受到城市地理学、城乡规划学等更多学科的广泛关注,公共空间研究也因此从社会学的抽象空间概念进一步拓展到了建成环境的实体空间领域。

可以说,建成环境领域对公共空间及其社会内涵的关注主要源于西方社会学的公共领域研究。20 世纪中期,阿伦特、哈贝马斯等学者的研究思想对哈维(David Harvey)、苏贾(Edward W. Soja)等一批城市地理学家产生了重要影响。例如,哈维的《社会正义与城市》(*Social Justice and the City*)(图 1-1),苏贾的《后现代地理学:重申批判社会理论中的

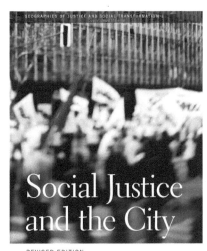

图 1-1 哈维著作《社会正义与城市》

空间》(*Postmodern Geographies：The Reassertion of Space in Critical Social Theory*)、《寻求空间正义》(*Seeking Spatial Justice*)等经典著作都充分体现了作者们对城市公共空间及其社会内涵、社会问题的极大关注。

受哲学、社会学思想的启发,几乎同一时期,公共空间概念开始进入与其物质形态关系密切的城市规划、城市设计学科的研究视野,并迅速受到众多西方学者的广泛关注,这一时期,简·雅各布斯(Jane Jacobs)、扬·盖尔(Jan Gehl)、马丹尼波尔(Ali Madanipour)等学者陆续从不同视角对城市公共空间展开了理论研究以及规划实践探索,由此,一系列新的学术思想、理论观点以及研究方法应运而生,深刻影响了此后公共空间的研究走向。

理解公共空间的概念内涵首先从名词入手。总体来看,与公共空间概念紧密相关的英文专业名词主要有以下三个。

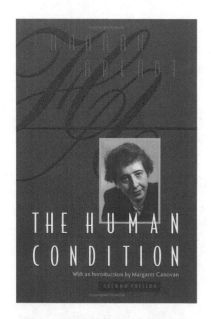

图1-2　阿伦特著作《人的境况》

(1) Public Space

Public Space 中文译为"公共空间"或"公共场所"。根据学者纳道伊(L. Nadai)的相关研究,作为特定学术名词的 Public Space 最早出现在 20 世纪 50 年代美国政治学家阿伦特的经典著作《人的境况》(*The Human Condition*)(图 1-2)中。阿伦特认为,公共政治生活的行动领域(公共空间)是体现人的真正自由的空间领域,这一领域应该是公开的、透明的、自觉的人生价值的实现场所,其不应该被任何限制条件所束缚。阿伦特从政治哲学的视角理解公共空间概念并指出,无论是探讨公共领域的历史轨迹还是思想含义,都需要在公共空间与私人空间的比较中进行。

阿伦特的思想观点,以及其后的哈贝马斯等哲学家、社会学家的公共领域研究在西方学术界有着广泛的影响力,可以说,后期众多城市研究者针对公共空间展开的大量研究,都在不同程度上受到阿伦特、哈贝马斯等哲学家、社会学家的思想影响,如马丹尼波尔就曾指出,公共空间概念首先涉及"公共"(public)和"私人"(private)的差别。

在很长一段时间里,学者们对城市公共空间的概念、定义及其内涵展开了大量专题研究与学术讨论,然而,试图通过某个单一视角明确公共空间概念、界定其空间范畴、划分其空间类型都十分困难。正如有学者曾指出的那样,公共空间定义的不确定性,正是由于对其展开研究的学科领域的广泛性。

从西方文献的研究内容来看,城市规划学科对城市空间"公共性"的判断与诠释主要聚焦在三个角度:一是"可达性",即一处空间是否可以被公众进入和使用;二是"管理者",即该空间是否由公共机构控制管理;三是"受益者",即该空间最终为谁的利益服务。总而言之,作为一种为全社会提供各类公共活动的场所,对城市公共空间的认知,主要以社会批判的形式展开,厘清公共空间概念产生的社会学基础就不难发现,英语中的公共空间是一种与私有空间相对应的空间概念,其更多强调的是空间权利(空间所有权、使用权及访问权)背后隐含的一系列公共性内涵。

(2) Open Space

Open Space,国内与之相对应的中文直译为"开放空间"或"开敞空间"。在西方国家中,早在 1877 年英国伦敦制定的《大都市开放空间法》(*Metropolitan Open Space Act*)中就已经开始使用这一专业名词,并形成了与其概念内涵相适应的空间法律规范与空间规划机制。20 世纪 60 年代,城市学家芒福德(Lewis Mumford)在景观杂志 *Landscape* 上发表的《开放空间的社会功能》("The Social Function of Open Space")一文中运用该名词以后,Open Space 逐渐成为被现代城市规划学科广泛应用的一个专业名词。

与 Public Space 偏重于空间权属内涵不同,Open Space 主要指城市建筑之外的、在空间形式与使用功能方面均具有开放性特点的(更多指露天开放的)、为市民提供各类休闲活动的空间场所,其重点表达的是城市建成环境的空间特征与使用特点。

根据对英文文献与规划资料的梳理可知,在欧美国家,Open Space 的研究对象主要是为市民提供休闲、娱乐活动的各类城市公园绿地。在相关规划文件中,Open Space 与 Green Space 的关系也最紧密,例如,美国环保署对 Open Space 的概念界定就将其与 Green Space 相对应。在中文语境中,如果将 Open Space 等同于 Public Space 概念,会产生一定的局限性,因为开放空间是公共空间的重要组成部分,但作为与 Green Space 内涵相近的一个专业名词,Open Space 并不能代表公共空间的全部构成要素和所有空间类型。

(3) Public Open Space

Public Open Space 简称为 POS,在我国通常被直译为"公共开放空间",这也是一个被当代建成环境领域的学者、规划部门以及研究机构广泛使用的专业名词。在欧美国家,不同学者、研究机构对 POS 做了不同角度的定义,例如,英国城市设计学家卡莫纳(Matthew Carmona)将 POS 定义为城市中被管理的、对所有人开放使用的空间;而在澳大利亚的城市空间分类体系中,各州各市对 POS 的描述不尽相同,其中西澳大利亚州对 POS 的定义是公共休闲活动，以及为保护和发展独特的环境、社会、文化价值而规划的用地空间。

总的来说，由于概念内涵相对宽泛，目前建成环境领域对 POS 仍缺乏达成共识的明确定义。但与 Public Space 以及 Open Space 相比较，Public Open Space 涵盖的空间内涵与构成要素更具完整性，其空间所指内容也更全面，这是因为，该名词中同时包含了 Public 和 Open 双重内涵。其中，Public 主要用于描述和表达空间权属的公共性，Open 则主要用于描述和表达空间形式以及空间使用的开放性，由此，Public Open Space 能够同时从土地权属、空间形态、使用方式等多个纬度表达和界定公共空间的特定属性与内涵。

可以说，在世界范围内，公共空间至今仍未能形成相对统一的概念界定，究其原因，一是不同学科对于公共空间定义的理解不尽相同，二是"公共""私有"概念在空间范畴上的界定具有复杂性、争议性和不确定性等典型特点。尽管如此，公共空间的本质是社会共有与全民共享，这一最基本的空间内涵已被各个学科所广泛认同。

1.1.2　公共空间的双重属性

城市公共空间是城市居民进行公共交往、举行社会活动，具有公共性与开放性特点的城市中的各类场所空间。综合专业名词的概念内涵与中西方理论观点，城市公共空间主要包含空间属性与社会属性两个层面的内涵基础。

(1) 空间属性

首先，作为城市物质空间的重要组成部分，公共空间涵盖了城市中的街道、广场、公园、绿地等各类公共活动场所，更广义的公共空间还包含博物馆、美术馆、艺术馆，以及商业广场、火车站等各类公共建筑，是城市中涵盖要素最多元、最综合的一种空间系统，在城市建成环境中占据了极为重要甚至是核心性的地位。因而，从建成环境的角度界定公共空间的构成要素与类型是城市规划学科划分公共空间的主要依据，对公共空间作为客观的、实体的物质空间属性、特征及其发展问题的研究是城市规划学科的重要工作内容。

其次，作为城市肌理的重要组成部分，无论是经过长期社会发展有机演变形成的，还是经过规划师、建筑师专业设计构建形成的，城市公共空间在城市整体环境中都占据了显要甚至是主体性的地位。在建成环境领域，对城市公共空间基本属性的研究是从"建成空间"概念出发，基于公共空间的形态结构、功能组织、视觉形象、文化内涵等不同方面探讨什么是"好的"公共空间和怎样设计"好的"公共空间。这一角度的研究将公共空间作为实体对象,以设计者或观察者、使用者的主观价值取向为标准,需要考虑文化、社会、政治经济等各方面的影响因素。

公共空间对于城市的重要性不仅来自它的实体环境特征及其在城市空间系统中的作用,还在于人在空间中的体验。在凯文·林奇(Kevin Lynch)的城市意象学说之后,西方学者扩展了建成环境认知领域的研究视域,试图通过掌握人认知建成环境的规律性特征来理解和创造符合人的认知规律、能对人产生积极环境感受的城市空间。学者普遍认为,由于建成环境包含了人的社会感知和感情体验,理解空间意象就变得极其重要,这一认知观点进一步建立了城市公共空间与人以及社会的内在关联性。

无论从哪种角度出发,公共空间最需要被关注的,是城市空间中发生的行为活动,以及空间中承载的社会生活。如果设计师能够从空间使用者的角度出发,城市设计不仅能创造满足和符合人的需求的积极空间,还能通过城市空间创造主动引导人与社会的行为方式和活动规律。也就是说,如果公共空间能反映城市中个体以及集体的生活体验和活动记忆,那么,将实体空间与人的使用需求相关联,公共空间服务城市生活的重要价值就能够得到充分显现。

以上述认知为基础,从环境行为学、环境心理学等角度研究城市公共空间,有助于突破将城市空间作为主观感知对象、视觉审美对象的传统局限,这符合城市公共空间作为人进行社会活动的主体使用对象的基本属性。因与人和社会密不可分,此类研究涉及城市规划与社会学、心理学等学科之间的广泛交叉融合,20世纪70年代以来,这种学科交叉融合成为城市公共空间研究的新趋势,对现代城市规划理论思想的拓展产生了深远影响。

(2) 社会属性

就社会属性而言,20世纪以来,资本主义国家对城市空间的公共干预政策表现出为资本扩张服务的典型倾向,这导致公共领域的城市空间逐步被侵蚀、转化为私人财团的私有领地,由此带来了西方学者对城市公共空间私有化现象的批判浪潮。直面实体空间背后的社会问题,成为城市公共空间研究的焦点所在。

哈贝马斯倡导的公共领域理论认为,公共领域是社会生活的关键组成部分,其性质应该是中立的、对所有公众开放的、能产生公共对话的社会领域。在他看来,在社会结构发展过程中,公共空间中发生的各种博弈能产生独立于政治权力之外的社会力量。由个体集合形成的公共领域,与在公众交往中产生的社会领域的相互融合,这些公共力量与政治权利、经济秩序同样重要,这种思想为城市公共空间研究提供了社会权力层面的理论发展方向。

在现代社会中,城市生活多元化趋势愈发明显。越来越多元的价值取向导致评判公共行为和社会利益变得十分困难,社会道德标准日渐分化,城市公共生活也在差异化和难以兼顾的多元价值准则面前慢慢丧失活力。如果无法将差异转变为包容,无法将私人生活融入集体行动,那么,私有空间的扩张将成为一种无法阻挡的发展趋势,城市也将逐渐沦为缺少社会活力和集体意志的私人领地。

城市公共空间本应为打破社会阶层分化与协调价值分歧提供融合机会,也应该为容纳多元城市生活提供承载场所。城市公共空间的巨大价值,不仅体现在物质形态的建成环境特征,更体现在物质形态背后隐藏的社会功能和政治意义。可以说,与作为实体空间的物质属性相比较,城市公共空间作为公共领域的社会属性更为重要,拓展城市公共空间不仅是拓展有形的物质载体,更是拓展无形的公共领域。

跳出城市公共空间作为物质空间的实体结构,进而关注城市公共空间作为公共资源、公共领域的内在条件,可以发现,判定一处城市空间是否属于公共空间的价值标准,不仅包括其空间形态呈现的某些物理特性,更应包括其所承载的公共职能。依据这样的评判原则,非排他性、公开性、集体性是衡量城市公共空间的主要标准,只要能够承担公共功能的空间场所都可以被界定为城市公共空间。

在《公共空间与城市空间——城市设计维度》(*Public Places Urban Spaces：The Dimensions of Urban Design*)一书中,作者卡莫纳在概括城市设计的社会意义时指出,公共空间具有民主政治意义,即公共空间应能容纳市民进行社会政治参与的各种公共活动。作为最早出现在 20 世纪 50 年代西方社会学领域的专用术语,与其他城市空间相比较,公共空间中"公共"这一关键词显示了其所具有的突出社会价值属性。

因此,在实体空间的研究基础之上,西方学者率先进一步引入社会学范畴的"公共"含义,用于揭示物质性公共空间与社会性公共空间的内在逻辑关系。在物理空间之上,"公共性"成为城市空间彰显其社会价值的重要内容,由此,公共性、公共程度的评判为进一步从社会视角开展公共空间研究奠定了基础。

城市公共空间容纳着丰富多彩的社会生活,体现了自由进步的社会公平内涵。如同私有领地与私有财产不可侵犯一样,公民在城市中拥有和使用公共空间的基本权利也应该受到保护。但是,现实情况并不尽如人意,近年来,城市公共政策受资本市场影响而急剧变化,更倾向于为资本扩张服务,使得城市建设在不同程度上将本应属于公共领域的城市空间转化为私人控制的专用领地,特别是权力资本对城市公共空间的过度挤压产生了一系列连锁性的负面效应,这种情况正受到国内外学界越来越广泛的关注。

首先是公共空间与私有空间的相互隔离甚至对峙,导致不同社会阶层之间缺乏空间利益缓冲地带,因此,城市公共空间缓和社会矛盾、融合阶层结构的作用难以得到充分发挥。

其次是被资本挤占的公共空间规模越来越大,导致城市管理者优化协调城市异质性空间结构的能力大大降低,长此以往,现代城市空间差异性问题愈加突出。

再次是被私有空间挤压的公共空间难以为现代城市多元化的社会个体提供生活方式共存的物质基础,这加剧了社会个体的冷漠,也加速了社会价值观的进一步分化,其最终结果是公共领域的社会生活很难以相互沟通的方式从分化走向融合。

最后是资本主导的土地开发模式导致大量城市公共空间沦为变相的商业化空间,持续侵蚀着城市居民的共同生活基础,不断消磨着城市历史底蕴和城市文化脉络。

从根本上说,城市公共空间是市民社会生活的场所,是城市物质环境的精华、多元文化的载体和独特魅力的源泉,其整体质量直接影响城市发展的方方面面,是城市竞争力和城市可持续发展能力的重要体现。因此,城市决策者(政府)、城市研究者(专家)和城市使用者(市民)需要对公共空间给予特别的关注。从以上角度理解城市公共空间,面对权力资本带来的社会空间极化矛盾,如何维护"公共性",如何提高空间开放程度,如何保障和持续发展公共空间的社会价值,这是城市公共空间研究需要关注的核心议题。

1.2 公共空间内涵及其价值

1.2.1 中西方公共空间起源及其内涵差异

根据哈贝马斯的理论观点,西方社会的公共空间是政治意义上的公共领域的物质载体。与"普天之下,莫非王土"的古代中国不同,有关土地占有状况的历史记载表明,早在古希腊时代,西方的土地制度就已经分为"公有地"和"私有地"两种主要类型。古希腊城邦制的社会成员,无论是贵族、官僚还是普通民众都能够"有条件的占有土地",尽管如此,统治阶层对土地资源的垄断性控制,仍然导致了社会底层民众为争取空间利益而进行长期斗争。在这种阶层博弈过程中,城市广场、议政厅等表达政治权利与自由诉求的公共空间开始出现,为西方城市公共空间体系发展奠定了最初的基础。

古希腊、古罗马的民主精神是西方城市公共空间产生与发展的历史源头。因为公共空间涉及政治领域的公共生活,是属于每一位公民的特有领域,古希腊将公共空间放在神圣不可侵犯的地位。古罗马的城市公共空间也是公民参与的场所,是映射了群体权利与集体利益的公共政治生活领域的基本空间形态。结合城邦体制,国内学者李昊将古希腊时期的公共空间分为市政性公共空间、宗教性公共空间和文体性公共空间三种主要类型。其中,市政性公共空间以广场为代表,宗教性公共空间以教堂为代表,文体性公共空间以剧场、竞技场为代表(图1-3),三种公共空间具有不同的功能属性,共同构成城市公共领域的核心载体,确立城市公共空间的价值内核。

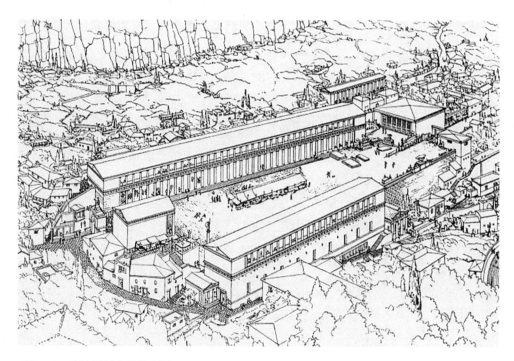

图1-3　古希腊城市公共空间

与此同时,作为保障城市公共生活开展的主要场所,三类公共空间的开放性、结构性、关联性特征逐渐确立了公共空间作为一种城市系统的整体性意义,并且在空间使用过程中,市民培养了民主意识的共同价值观,形成了集体行动的行为准则,体现了城市公共空间在形态结构、公共领域、价值内涵三个方面的逻辑交互关系。

罗马帝国的灭亡标志着西方古典时代的结束,封建制度的到来产生了统领整个中世纪欧洲的封建秩序。中世纪的城市公共空间,不再是以城市公民为主体的公共生活载体,而是变异为政教合一、多元权利并存的封建化的公共秩序载体。中世纪是以分封土地为主要制度特征的时代,占有土地也意味着占有土地的经济、政治、军事、管理等一系列公共特权。将公共权力转变为土地私有领域的一系列特权,导致公权与私权相混淆,造成公共空间与私有空间的权力界限越来越模糊不清。中世纪末期,公共权力更是试图干预私人生活的方方面面,权力两极分化严重,不断渗透至社会生活的日常管理体系中,致使国家和社会矛盾不断加剧,形成了二元对立的社会空间格局。

阿伦特认为,封建时代的公共领域丧失了其最初的古典意义。哈贝马斯指出,在中世纪的欧洲社会,没有充分证据证明城市里存在独立的、与私人领域相对分离的公共领域。社会学界大多持有与上述观点相同的认识,即由于宗教成为影响社会生活的核心力量,中世纪的西方国家缺乏孕育公共空间的政治基础与制度基础(土地制度),受政治地位、经济条件、文化水平的共同制约,中世纪处于社会底层的大多数民众很难参与公共事务与公共生活(政治生活),所谓的公共空间实际上已经沦为贵族阶层的专属资源。无论从政治生态还是民主机制来看,中世纪西方社会的城市公共空间与古希腊、古罗马时代产生了本质区别。严格意义上讲,中世纪并不存在真正的公共空间,这一时期的公共空间,是古典时代延续下来的异化的公共空间。

中世纪以后,随着商品经济取代自然经济,资本主义市场经济与政治制度分化,逐渐形成了西方现代城市社会的中坚力量,即资产阶级的公共领域。资产阶级主导的市民社会发展壮大,成为现代城市公共空间发展的前提条件和新的历史基础。

近现代社会,享有公共空间不再是少数人的特权,城市公共空间扎根于市场经济的不断发展,并以土地市场为驱动力呈现出形式、内容不断发展的新趋势(图1-4)。资本主义民主政治的发展,使公共空间呈现出自由主义的新时代特征,一系列自由、开放的公共交往空间不断发展壮大,现代城市公共空间由此逐渐确立了日常生活的社会内涵,但与此同时,城市社会也在现代化土地市场、经济体制下激化了私人领域与公共领域的矛盾。此后,在资本主义不断发展壮大的现代城市中,作为承载社会中坚力量一系列公共权利的基本资源,现代意义上的城市公共空间获得了生存发展的新社会基础。

在现代社会,城市公共空间主要从一种肩负公共资源组织作用的社会理念和角色定位中获得发展机遇,这种新的城市社会也被当作公平和自由发展的资源合作体系对待,这样,城市公共空间应该如何被加以规定等一系列管理、治理和规划议题便应运而生了。

在历史进程中,土地市场化是城市发展到一定阶段的必然产物。但是,按政治权利、社会财富以及区位优势进行强制分配不是空间正义的基础。作为体现城市公平正义的主要内容之一,城市居民希望将公共资源的平等理念应用到公共空间分配层面。由此,城市公共空间需要从基本结构的自然发展状态转向科学规划,这是因为,如果公民想要城市正义原则能够在空间分配层面达成公平协议,就需要消除或者至少是将土地资源的市场交易优势尽可能地缩小。

图 1-4　西方现代城市公共空间

　　作为公共资源,公共空间分配正义的基本原则是城市空间的结构体系与制度体系需要被加以规范,使一种公平、高效、富有生产力的社会空间网络能够获得可持续发展。与之相对应的一个问题是,如何将既定、有限的空间资源进行二次分配。如果对每个公民个体进行比较,那么,理想的状态是,每个公民都需要被配给基本相同的资源,使其共同享有的资源总额在当下乃至未来的城市发展过程中能得到最大化满足。然而,理想状态终究无法实现,究其根源,市场动力仍然是公共空间博弈的矛盾主体与核心力量,尽管如此,经济杠杆与社会公平价值观之间无法调和的竞争关系仍然推动着近现代城市化进程中的公共空间发展演变。虽然动力机制、表现形式与古希腊、古罗马时代不同,但推动城市公共空间发展演变的本质力量其实没有改变,仍然是政治权利、公共资源、平等机会的基本诉求。

　　与欧洲的历史背景不同,在我国漫长的封建社会进程中,土地以私有制为基础,个人权利湮没于皇权之下,没有土地权利作为基础支撑,因此,古代中国难以有孕育市民广场等表达民众意愿的公共空间的历史基础。在中国封建社会时期,与土地权利、政治诉求无关的街、市、寺、庙等世俗化的社会生活、文化场所是具有中国特色的城市公共空间,体现的是中国民众的日常生活诉求(图1-5)。

图1-5　中国封建社会时期城市街道

　　虽然在不同历史时期,因社会经济发展水平的不同,中国的城市空间也产生了一系列新变化,如随着日常消费能力与文化娱乐活动的迅速发展,宋代城市对隋唐城市里坊制的突破,使街道发展演变为具有交通、商贸、社交等综合功能的城市公共空间,并孕育了勾栏瓦舍等具有公共空间属性的娱乐性建筑(图1-6),但在本质上,中国封

图1-6　中国宋代勾栏瓦舍

建社会时期的城市公共空间始终都是基于社会化、生活化、世俗化的日常需求而形成的一种空间形式,这与西方作为权力斗争、民主诉求与阶层博弈产物的公共空间有很大区别。

在《史记·张释之冯唐列传》中,著名的"法者天子所与天下公共也"表明,至少在秦汉时期的中国,"公共"一词就已经具备了抽象价值观的含义。秦汉以后,"公共"一词在《贞观政要》《四书通》等历代政治、文化类著作中广泛出现,逐渐成为一个表达中国传统公私观的基本词汇。颇为遗憾的是,虽然"空间"一词在我国传统文学、诗词中亦曾多次出现,尤其是到了民国时期,如在《杭州府志》等历史文献中,"公共"一词已经开始与"马路"等空间类词汇组合使用,孕育了公共空间的语义雏形与基础条件,但公共与空间两个词汇最终并未被结合起来使用,我国未能形成本土化的公共空间这一专业名词。

尽管没有孕育出本土化的专业名词,但纵观人类社会发展的共同历史,无论是中国还是其他任何国家和地区,利用特定的空间形态把自己组织成一个个紧密的社会化群体,这是人类共同的生理需求和心理倾向。最初,这种强烈的聚集倾向来自相互保护的安全需求,但公共生活的诸多优势鼓励人们在群体环境中寻找社会交往的场所(公共空间)。对于城市规划学科而言,虽然作为专业名词的公共空间出现较晚,但作为城市建成环境的重要组成部分和开展各类社会生活的主要场所,自人类聚居以及城市产生之初起,公共空间就是承载人的社会活动需求的重要载体,是城市空间体系的主要组成部分,以丰富的空间形式广泛地存在于各类城市建成环境之中。

1.2.2　公共空间的三重价值维度

如前文所述,虽然公共空间古已有之,但直到 20 世纪 60 年代,"公共空间"才开始作为现代学术名词出现在建成环境研究领域,并迅速发展成为相关学科的重要研究对象。城市空间不仅是城市建成环境的物化形态,更是城市社会结构的外在表现,因为城市空间的形成过程是由整体社会结构的动态演变塑造的,其演变过程交织了不同群体因为社会结构的层级、位置、利益引发的一系列空间冲突,以及空间冲突导致的矛盾与变化,在近现代市民社会转型背景下,为协调上述诸多矛盾,城市公共空间研究应运而生。

19 世纪以来,为提高建成环境质量与居民生活质量,城市公共空间的早期概念开始出现,并在现代城市规划制度中扮演了越来越重要的角色。此后,在 20 世纪前所未有的快速城市化进程中,与传统城市相比较,现代城市公共空间在政治、经济、社会等多重因素的共同影响下急剧变化,这种变化隐含、映射了城市空间结构与人口结构的变迁过程,并进一步带来了土地所有权、空间使用权等一系列有关城市空间公平的研究探索。自此开始,在城市化进程与城市空间巨变的时代背景下,以英国、德国、美国等国家为代表,西方国家的学者率先对城市公共空间展开了持续而深入的研究探索,逐渐形成了多维度的公共空间价值取向,在推动城市正义、促进城市复兴和提升城市综合竞争力等多个领域发挥了重要作用。

(1) 城市正义与空间公平

二战以后,西方城市化进程高速发展,在居民生活水平普遍提高的同时,激进的城市改造与城市更新也导致了种种损害社会公正的现象,从而引发了 20 世纪 60 年代的城市社会运动,在各个领域激发了广泛的社会公平与空间正义诉求。产生这一广泛诉求的背景是,此时的城市空间,其供应形式不再是完全由政府主导和管控的传统模式,而是演变为空间管治中关于角色、权利和资源的复杂再分配。

由于蕴含了公共领域的城市正义基础,20 世纪 70 年代起,在发达资本主义国家,包括政府、市民、学者在内的社会各界都对城市公共空间表现出了极高的关注度。随着公共空间概念被普遍接受并成为学界广泛探讨的研究对象,城市公共空间规划理论方法研究日益兴起,研究领域开始渗透至经济学、社会学、地理学等诸多学科。

这一时期,公共空间研究的理论基础是众多学者相继对社会公平思想与城市正义理论开展的大量探索。阿伦特认为,政治自由的公共空间本质,也是美好生活的真实展现,但近现代以来,城市公共空间走向衰落,政治生活的权威被经济领域替代。以空间公平理论为基础,哈贝马斯提出了公共领域和私有领域的结构转型命题,将公共空间纳入社会学研究谱系,认为公共空间是现代市民社会的"重新发现",是推动社会理论发展的重要催化剂。

哈贝马斯发展了阿伦特的理论思想,带来了关于城市公共空间社会价值的深入思考。同一时期,一系列有关城市公平、空间正义的经典著作陆续出版,进一步引起了学者们对城市公共空间的高度关注,如前文提及的,在当时的时代背景下,美国后现代政治地理学家苏贾提出促进和实现空间公平应该成为城市发展基本战略的观点,他的著作《寻求空间正义》,以及哈维的《社会正义与城市》都包含了充满"社会公平关怀"的激进立场。

1968 年,美国环境学家哈丁(Garrett Hardin)提出公地悲剧(The Tragedy of the Commons)理论模型,揭示了公共物品不仅不具备排他性与竞争性特点,还容易产生外部性、无交易市场以及信息不对称等特点;利文森(Anne S. Lewinson)认为,任何特定的公共空间都具有潜在的阶层含义,不同社会阶层的成员会有差别地使用公共空间;米切尔(Don Mitchell)进一步指出,公共空间已被有效私有化,公共空间的使用权利不再总是处于激烈争夺的传统状态,城市空间已被主导阶层占有;彼得·罗(Peter G. Rowe)也指出,当前,公共空间创造方面的危机不是设计技巧不充分的问题,而是国家与市民社会之间的二元关系变得极具不确定性所造成的。诸如上述理论思想、学术观点的提出,对此后的城市公共空间研究产生了深远影响。

应用研究与理论研究同步发展,1959 年,美国学者汉森(Hansen)在用重力方法研究城市土地利用水平时首次正式提出可达性概念,并将其定义为交通网络中各节点相互作用的机会大小。20 世纪 70 年代以后,可达性概念被引入公共空间研究中,迅速成为探索城市公共空间布局水平的一种主要理论与方法。空间可达性公平指居民距离公共空间的分离度或空间接近度,通过可计算的可达性指数表达人到活动空间的距离或时间的平等性。在西方学术界,泰伦(Talen)等一大批学者利用可达性方法开展了大量实证研究,空间单元(如城市街道、广场、公园绿地等公共空间)之间可达性的差异与比较成为评价城市公共空间发展水平的重要指标。

在理论与应用研究的共同支持下,促进社会平等与空间正义成为公共空间的核心规划思想与主要实践目标。城市规划的主要目的之一,也随之逐渐转向了努力实现城市空间资源分配及其服务供给的平等与公正,这一目标追求尽可能满足使用人群在种族、阶层、性别等各个方面的平等需求,鼓励不同社会群体的共同发展。

例如,美国城市规划师大卫杜夫(Paul Davidoff)提出了著名的倡导性规划理念,并于 1965 年在发表的《规划中的倡导与多元主义》("Advocacy and Pluralism in Planning")一文中指出,城市规划应强调对社会弱势群体的偏袒与照顾,这一思想就包含了城市规划对于空间公平的强烈追求。

在理论与应用实践的共同作用下,城市公共空间研究开始跳出物质空间的传统束缚,越来越多地建立在对社会多元化与权利非均衡性的认知基础之上。尤其是在面对土地资本市场的日益强大和社会结构的日益碎片化时,激进的理想开始消退,城市规划转而寻求与社会学等学科之间的合作之路,并试图通过对资源配置进行规划调控,填补城市空间在社会公平、城市正义方面出现的巨大裂缝。

21 世纪以来,在社群主义和空间正义思想的共同影响下,城市规划开始着眼于不同社会群体之间的平等性与公正性,相关研究逐渐从"空间的公平"转为"人的公平",城市公共空间的规划目标也从"空间数量的丰裕"转为"社会价值的丰裕"。

例如,美国德州农工大学学者尼古拉斯(Nicholls)以美国得克萨斯州布莱恩(Bryan)城市公园系统为例,在可达性评价的基础上,进一步检验了城市人口的社会经济属性,对布莱恩城市公园系统的社会公平性进行了综合测量;泰伦也指出了传统可达性研究的不足,并探讨了一种评价公共空间公平性的新方法,他利用科罗拉多州普韦布洛市(Pueblo)、乔治亚州梅肯市(Macon)等城市的相关数据,将城市公园空间分布状态与人口、社会、经济因子的空间分布格局相结合,对导致城市公园可达性水平差异的影响因素做了综合性分析。

近年来,更多学者在 *Landscape and Urban Planning* 等具有广泛影响力的国际期刊上发表了一系列有关城市公共空间的学术文章。一部分学者对城市公共空间、公共健康与社会公平之间的系统交互关系进行定性分析,提出了城市公共空间社会公平研究的理论框架构想;一部分学者从公共政策、建成环境、地理特征、社会因素等不同视角出发,构建了多纬度的公共空间发展水平测度体系,进一步加深与拓展了城市公共空间的研究深度与研究广度。

总体来看,国外开展城市正义研究的时间较长,代表性的理论成果颇丰。在理论研究思想的影响和带动下,落实城市空间正义的核心内容之一,即是探讨城市公共空间配置的合理性,与之相应地,评价城市公共空间分布的可达性与公平程度成为非常重要的研究议题。尤其是随着城市化进程不断加快,世界各国,特别是中国城市人口快速增长,城市空间结构随之发生了一系列深刻变动。在此过程中,城市空间资源配置与公众需求之间的不合理状况愈加突出。与此同时,西方人权运动的崛起,加之城市社会科学的深入发展,使得全社会对于城市弱势群体的关注度不断提高,城市公共空间作为一种基础性的公共福利资源,自然就成了学者研究的热点对象。

在以上两方面因素的共同作用下,作为重要的社会公益资源,城市公共空间的可达性、公平性研究已经成为城市空间正义研究的主流领域与主要方向,其研究对象涵盖了广场、公园、绿地等主要的城市公共空间类型,研究理论和研究方法也日趋成熟完善,并形成了一种跨学科、多视角的研究范式。

(2) 城市复兴与空间活力

在空间公平研究兴起的同时,20世纪中期以来,以物质空间为核心对象的现代主义城市规划实践带来的一系列问题愈发凸显。以柯布西耶(Le Corbusier)等为代表的现代主义规划师、建筑师更多关注的是,城市空间如何通过规划更有效地进行组合优化,从而建立超越传统的新的城市空间秩序。在实践过程中,现代城市规划对如何通过规划协调城市空间背后隐藏的人地冲突、阶层矛盾等一系列社会问题的考虑明显不足,建筑学意义上的城市公共空间由此产生了双重局限性, 是建筑隔离导致城市空间趋于碎片化,二是被刻意操控的城市空间将建筑与建筑之间的空间沟通高度弱化了。城市空间隔离带来社会分化加剧,上层规划对市民日常生活漠不关心、无所作为的弊端逐渐暴露出来,现代城市规划的科学性也因此受到了广泛质疑。

在现代主义城市规划全球化实践的同时,经历了一百多年的工业繁荣,西方发达国家在 20 世纪中后期开始出现"去工业化"的普遍现象。尽管城市仍能吸引大量人口高度聚集，但在"去工业化"浪潮的巨大冲击下，城市经济结构发生了巨大变化，就业岗位急剧减少，城市发展受到重创。同时，"去工业化"极大地削弱了城市的税收基础和财政来源，加重了城市的社会福利负担。

由于城市没有能力投入充足的资金去清除贫民区，改进公共服务设施，难以解决救济贫民、维持治安以及其他一系列棘手的社会问题，导致城市用地紧张、环境恶化、社会犯罪率持续升高、居民生活水平急剧下降。为了改善居住环境、提高生活质量，在欧美国家，大量城市居民由市中心向郊区迁移，工商业等主要城市功能也随之外迁，造成了传统城市中心区的衰落。

对此，如何解释城市衰落的根源，进一步找到复兴城市中心区的可行之法，成为城市规划学者们的时代责任。在城市复兴的实践探索与现代主义城市规划理论反思的共同影响下，学界开始将城市公共空间作为协调社会矛盾、提升城市活力的关注焦点，以雅各布斯、扬·盖尔等为代表，一部分学者对城市复兴背景下广泛的公共空间发展议题展开了持续性的理论与实践探索。

在众多学者中，美国城市规划学家雅各布斯是较早将"公共空间"作为专业术语引入城市研究领域的学者之一。在《美国大城市的死与生》（*The Death and Life of Great American Cities*）（图 1-7）一书中，雅各布斯不仅抨击了建立在功能主义之上的现代城市规划原则，还进一步讨论了城市建成环境的多样性问题，并指出现代城市规划将原本具有社会活力的城市空间肌理转变为单纯的、功能性的开放空间，破坏了城市空间的原有结构关系，使其成为相互孤立的空间个体，这是导致现代城市衰落的重要原因。

图 1-7　雅各布斯著作《美国大城市的死与生》

雅各布斯认为，因为能符合并满足城市可持续发展对于空间多样性、包容性、创造力以及可变性的多元要求，具有混合使用功能的各类公共空间比现代城市规划创造的单一功能的城市空间更有价值。为此，雅各布斯提出，城市发展应该重新关注街道、广场、公园等公共空间，将其作为重塑富有活力的城市生活的重要途径和纽带。在美国城市中心区衰落的特殊时代，这种新观点的提出为建立公共空间与城市活力复兴的密切关系提供了新的视角。

雅各布斯之后,北欧学者扬·盖尔通过对城市公共空间中以步行为基础的人的行为进行观察与分析,提出人的户外活动可以分为必须性活动、选择性活动、社交性活动三种主要行为类型,在对空间行为进行广泛调查的基础上,扬·盖尔建立了一种评估城市公共空间和公共生活质量的研究方法——公共空间-公共生活调研法(简称PSPL调研法)。该方法的研究对象是城市内各种类型和不同尺度的公共空间,其核心研究内容是对城市公共空间的形态功能与人的活动特征及其规律进行关联性分析,其主要目标是通过对城市公共空间活动行为的观察分析探究物质空间与社会生活的内在关系。

通过掌握人在公共空间中的活动行为特点,扬·盖尔的研究方法以定性与定量结合的分析结果,为针对公共空间开展的城市规划与城市设计实践提供实证依据,以此达到创造高品质的城市建成环境和提升城市社会文化活力的研究目的。扬·盖尔的理论思想与研究方法指导了大量城市设计实践项目,促进了城市公共空间研究工作的深入发展,在提升城市公共空间规划设计水平、改善市民社会生活质量和促进城市复兴方面发挥了重要作用。

与扬·盖尔同时代的其他学者也从不同角度探讨了公共空间与人的活动行为的关系。例如,亚历山大(Christopher Alexander)提出,公共空间的中心和边缘是最重要的空间形态要素,其中,中心形成空间特征和标识感,边缘是产生空间活动的主要来源;怀特(William H. Whyte)利用摄影技术观察城市居民如何使用公共空间,通过分析比较总结得出建成环境的实体特征,包括良好的地理位置(可达性和可视性)、与周边街道的结合、优质的步行条件,以及提供停留功能的环境因素都能够鼓励人的交往行为发生。

卡尔(Stephen Carr)则将人在公共空间中的活动需求分为五种层次:舒适、放松、被动参与、主动参与和发现。并在此基础上指出,公共空间能够为人提供基本的舒适感受、高层次的舒适要求和参与空间活动、激发空间体验的综合能力,对鼓励城市建成环境中使用行为的发生有重要意义;此外,希勒(Bill Hillier)利用其创导发展的空间句法理论对欧洲城市街道网络进行了大量案例研究,证明了城市公共空间与人的行为方式之间存在广泛的规律性联系,指出城市空间肌理蕴含了产生人际交往的内在机制。

与关注公共空间的政治角色不同,从环境行为的角度理解和认知公共空间是城市中心区复兴背景下开展城市公共空间研究的一个主要特点。该领域的学者大多强调公共空间需要关注人的活动行为,并相信通过城市设计的作用,城市公共空间不仅能创造符合人的需求的积极场所,还能通过城市更新引导人的行为方式、促进城市社会文化活力的提升，从而在城市中心区复兴、消减现代城市规划的一系列负面影响等方面发挥积极作用。

作为城市发展时代之需，城市复兴助推社会活力成为公共空间学术研究的新议题，学界从环境行为等角度研究城市公共空间，符合公共空间作为社会活动客观使用对象的基本属性，突破了聚焦空间形态、结构、功能的传统研究局限，促进了城市公共空间研究与城市社会学、环境行为学、环境心理学等学科的交叉融合，对城市公共空间规划理论思想、研究方法、建设实践的发展产生了深远影响。

(3) 城市综合竞争力发展与空间多元价值认知

20世纪80年代末，在新城市社会学的强大推动下，社会空间辩证法不断发展，从早期芝加哥学派相对狭义的社会空间分异拓展到了从阶级、资本、权利、结构等更多维度研究空间与城市发展的逻辑关系。例如，英国社会理论学家吉登斯(Anthony Giddens)提出的区域化理论对于城市规划学科理解物质空间的延展价值具有重要意义。吉登斯认为，不应把区域化仅仅理解为空间的局部化，区域化还涉及各种社会实践发生关系的时空分区，这一思想为物质空间规划转向多视角的城市空间研究发挥了重要推动作用。

20世纪90年代起，学界逐渐意识到，仅仅追求空间的公平，在解释实体空间与社会结构的复杂关系和多维度衡量公共空间价值等方面有着明显的局限性。与此同时，欧美学界对于西方城市更新中过分重视土地经济利益和空间经济效率的普遍现象及其有效作用表示质疑，提出在重视公平与效率的同时，不能忽视公民权利、绿色发展、人文主义等一系列新发展理念，强调城市空间规划应该建立在满足多元化、复杂化、动态化城市发展需求的基础之上。

例如，在20世纪90年代出版的《使公平规划发挥作用——公共部门的领导》(*Making Equity Planning Work：Leadership in the Public Sector*)(图1-8)一书，以及《20世纪80年代的城市中心区规划：20世纪90年代的公平发展案例》("Downtown Plans of the 1980s：The Case for More Equity in the 1990s")等论文中，美国城市规划专家克鲁姆霍尔茨(Norman Krumholz)对20世纪80年代美国城市中心区空间规划的公平问题做了系列研究，通过对

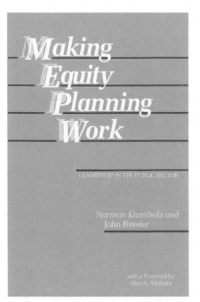

图1-8　诺曼著作《使公平规划发挥作用》

克利夫兰(Cleveland)、丹佛(Denver)、费城(Philadelphia)、波特兰(Portland)、旧金山(San Francisco)、西雅图(Seattle)等美国代表性城市一系列复杂性问题的分析,克鲁姆霍尔茨提出了城市中心区规划必须要为协调各类城市发展矛盾、解决多重城市发展问题提供帮助的鲜明观点。

21世纪以来,全球化背景下的城市竞争日趋激烈,这种竞争广泛涉及政治经济、社会文化、生态环境等各个方面,由此,城市之间的竞争演化为一种综合实力的较量与比拼。在以实物生产为主的经济发展阶段,城市之间的主要竞争要素是产品竞争。在此方面,早期研究的代表是亚当·斯密(Adam Smith)基于资源禀赋建立起来的绝对成本优势理论。今天,城市之间的竞争被认为是多因素作用的综合结果,城市综合竞争力的主要特征在于以城市的诸多优势条件吸引人口集聚,突出城市作为人的中心所能产生的一系列连锁效应。

在努力提高综合国力的时代,城市,特别是中心城市的综合竞争力已经成为增强国家综合竞争力的主体要素,对于这一点,通过城市综合竞争力研究的迅速发展,近年来琳琅满目、层出不穷的城市综合竞争力排行榜,以及城市之间综合竞争力水平、特点的各种比较分析,就能够大体总结和勾勒出促进城市综合竞争力提高的主要因素和支撑城市综合竞争力的主要框架结构。

强调发展的持久性、连续性和再生性,城市综合竞争力具有多维度、多层次的含义,其核心内容就是要统筹处理好城市人口增长、城市规模拓展、城市功能优化等城市发展各方面内容与政治、经济、文化、环境可持续发展的多边关系。由此,一个满足综合竞争力发展需求的城市规划,应该是经济效益、社会效益、文化效益、环境效益高度统一的规划,要能充分体现城市空间经济价值、社会价值、文化价值、环境价值的协同发展。在这种背景下,城市公共空间需要被激发更广泛的资源潜能,作为提升城市综合竞争力的重要引擎,助推各大城市参与全球化的城市发展竞赛,从多如繁星的城市中脱颖而出。

从规划实践的转变能够看到,21世纪以来,墨尔本制定的可持续发展规划、步行城市规划、骑行城市规划、城市交通规划,以及都市森林计划、水敏感城市设计等一系列城市规划战略、城市设计策略都贯彻并体现了城市公共空间规划的若干措施。

2005年,在美国密西西比海湾重建规划中,著名学者泰伦也基于新城市主义规划理念,从社区公平参与、空间多样性、空间可达性三个维度提出了实现城市公共空间可持续发展的综合性规划目标。2014年,美国加州大学伯克利分校武奇(Jennifer R. Wolch)等学者在研究中也进一步指出,除了空间可达性以外,居民社交需求、健康活动需求、住宅市场公平、生态环境公平等其他因素也应作为衡量公共空间发展水平的重要参考依据。

综上所述,西方国家开展的城市公共空间研究源于 20 世纪 60 年代一系列民主、民权运动的兴起,经历半个多世纪的发展演变,在处理城市发展议题的实践过程中,学界对城市公共空间的内涵认知不断深化,形成了城市正义与空间公平、城市复兴与空间活力提升、城市综合竞争力发展与空间多元价值利用等主要研究领域,共同促进了城市公共空间研究的深化发展,充分体现了城市公共空间研究与社会思想演变、学科理论转向、研究范式发展紧密相关的典型特点。

总体而言,目前国外公共空间领域的理论成果已比较丰富。在欧美国家,与教育、医疗等内容一样,城市公共空间被普遍看作是一类重要的公共资源与公共设施。尤为重要的是,国外的城市公共空间研究已逐步建立了空间本体与政治、经济、文化、生态等要素之间更全面、更深入的互动机制,与之相关的研究体系、理论方法正逐渐走向成熟,由此形成了一种多学科交叉、协同规划的研究范式。

在我国,城市公共空间是近年来广受学界关注的研究热点。尤其是 2000 年以来,国内针对公共空间的研究日益丰富,极大助推了中国城市公共空间理论研究与规划设计实践的发展。

在理论性论文成果方面,邹德慈从社会"容器"与"场所"的双重视角探讨了城市公共空间的规划问题;杨保军从考察日常生活出发论述了城市公共空间失落的状况及其根源;陈竹对西方城市公共空间理论与空间公共性的判定做了相对全面的阐述;杨宇振对中国传统社会与西方资本主义社会的公共空间特征做了对比分析,进而明确了中国传统社会公共空间网络化、关联化的结构特征及其旨在维护社会秩序的本质属性;杨贵庆结合相关案例,从社会生活的视角指出了城市公共空间的社会属性并对其规划问题做了探讨,是国内较有代表性的理论研究成果。

在应用性论文成果方面,赵蔚的《城市公共空间的分层规划控制》、王鹏的《城市公共空间的系统化建设》、代伟国的《转型时期城市公共空间规划与建设策略》、孙彤宇的《从城市公共空间与建筑的耦合关系论城市公共空间的动态发展》等研究围绕公共空间的形态、结构、功能等规划问题展开,为国内城市公共空间的优化发展提供了积极的参考价值。

在理论专著方面,李昊所著《公共空间的意义——当代中国城市公共空间的价值思辨与建构》基于社会转型期的价值建构,从公共空间本体及其理论维度归纳了中西方城市公共空间的历史演进过程,从公共领域、消费社会、日常生活等不同角度对近现代城市公共空间的转型发展议题做了探讨;董艳所著《"社会"与公共空间》探究了公共空间思想史的发展来源,阐释了社会与公共空间的内在关系,展望了公共空间发展的机遇与挑战；陈立镜所著《城市日常公共空间理论及特质研究——以汉口原租界为例》探讨了日常公共空间的基本理论、研究方法，并以武汉汉口租界为例，对近现代日常公共空间的时间、空间特征及其发展演变动因做了解析；吕来明所著《城市公共空间商业化利用法律问题研究》围绕公共资源市场配置背景，对空间私法与公法角度的属性界定、公共空间商业化利用的主要形式、法律机制等内容做了探讨；朱小地所著《中国城市空间的公与私》探讨了私人空间与公共空间的关系问题，从空间界面、制度体系、设计策略等角度开展了城市设计视角下的公共空间设计分析。

在城市个案研究方面，韩书瑞（Susan Naquin）的《北京：公共空间和城市生活（1400—1900）》对明清时期北京皇家贵族、城市居民、观光游客等社会群体的公共空间与公共生活做了翔实论述，对北京城市公共空间的权利、结构演变过程做了分析；王敏、魏兵兵的《近代上海城市公共空间（1843—1949）》对晚清、民国两个时期上海的公园、戏园、电影院、跑马场等几类代表性公共空间的发展演变做了梳理；周祥的《广州城市公共空间形态及其演进（1759—1949）》结合历史学与类型学研究方法，研究了广州晚清至民国时期近代城市公共空间的形态演变过程，以上是国内针对城市个案研究的代表性著作。此外，邵大伟、傅岚等学者还对南京、杭州等国内城市的公共空间格局及其系统化发展策略进行了专门研究，也是城市专著方面具有代表性的研究成果。

从以上梳理能够发现，国内开展的城市公共空间研究主要有以下三个方面的特点：

其一，无论是论文类还是专著类成果，在城市公共空间领域，代表性研究成果自2010年以后才日渐精进，表明国内该领域的研究起步较晚，代表性成果不多，有着巨大的发展空间。

其二，2015年起，城市公共空间从空间本体研究进一步延伸到了公共领域、日常生活、制度规范等特定领域，扩展了研究面域，但总体而言，研究面域虽日渐宽泛，个体研究视角仍相对单一。城市公共空间与城市经济、社会、文化各个方面的发展息息相关，从已有成果来看，综合城市经济、社会、文化等多重视角，与城市发展背景以及时代议题建立紧密联系的研究成果仍较鲜见。

其三，通过文献梳理可知，已出版的专著类成果多着眼于中国重要城市转型节点，相对而言，对城市公共空间全过程发展史的研究尚不多见。与此同时，已有代表性专著的研究对象多集中在北京、上海、广州等国内中心城市，仍缺少国际视野与国外代表性城市的研究成果。

其四，多数研究聚焦城市公共空间个体系统的发展演变，对城市规划理论实践的驱动机制,对城市阶段性矛盾与城市公共空间发展进程的历史逻辑、因果关系仍缺少全景化案例检视。城市公共空间的产生、形成与发展演变不是孤立的存在,而是与时代背景、城市发展进程和解决城市不同阶段的发展矛盾紧密相关,总体而言,与城市规划理论实践背景相结合,将视野投向城市公共空间全景发展史的研究成果仍相对空缺。

图 1-9　早期城市公园

在实践方面,伴随着土地权属"公"与"私"的历史演进,尤其是近现代以来,中国的城市公共空间呈现出新的发展特征,如皇家园林、私家园林、城市租界地公园逐步开放,推动了近现代中国城市公共空间的发展进程(图 1-9)。改革开放后,中国一直处于城市化快速发展高峰阶段,通过大规模的城市建设与城市更新,多数国内城市的公共空间数量与规模已相当可观,但公共空间的功能、层级体系并不完善,针对城市公共空间开展的理论研究与规划实践仍相对滞后。尤其是随着城市生活方式、生活需求不断转变,中国城市公共空间的发展方向迫切需要从扩张数量转移到提升质量的轨道上来。

作为影响市民日常生活的基础性资源,城市公共空间在中国越来越为专家学者与广大市民所关注。但是,在获得社会各界共同关注的同时,对于为什么要发展城市公共空间,怎样规划城市公共空间等问题仍须从历史经验中获取经验参考。

伴随着人类历史上规模最大、速度最快的城市化进程,在成为社会生活主要发生容器的同时,中国的各类城市公共空间也日渐成为各种社会矛盾的发生地。公共空间与私人空间脱节,空间封闭与空间开放对立,空间商品化和空间公共性不协调等诸多矛盾愈发凸显。公共空间布局、设计以及公共设施配置必然受到权力制度的显著影响。总体上讲,对于城市空间治理而言,权力逻辑和资本逻辑具有其内在合理性。然而,权力逻辑的强制性和资本逻辑的扩张性必然对城市公共空间的日常性、公共性提出挑战。与此同时,更容易受到社会关注的是公共空间私有化现象,在各大城市中,湖岸线、河岸线等优质公共空间被会所、别墅区圈占的现象并不鲜见,这种人为因素导致公共空间碎片化,直接影响了城市公民的空间权利。

就目前而言,我国的城市公共空间治理实践仍相对滞后。一方面,城市公共空间专项规划制度尚未建立;另一方面,各地政府对城市公共空间管理的重视程度不够,市民对城市公共空间的发展诉求与政府的城市空间治理能力严重脱节,可以说,在法律体系、管理体系、规划体系等各个方面,国内的城市公共空间治理机制都没能与城市化进程同频发展。显然,在城市化进程中,中国城市公共空间体系的建构远远滞后于私有空间的扩张(私有空间在我国主要体现在土地使用权,而非土地所有权的私有化)(图1–

图1-10   "被商业化"的城市公共空间

10)。但正是在人与土地分离的过程中,中国的城市化进程推动了以土地制度为基础的城市管理模式向以空间资源为载体的现代化社会治理模式的转变,这为中国实施城市公共空间治理奠定了时代基础。

在上述背景下,回顾历史,积极吸收借鉴其他城市的发展演变历程与理论实践经验,对思考和探讨中国城市公共空间议题、对建设高质量的城市公共空间有积极意义。本书以世界宜居城市——墨尔本(Melbourne)为研究对象,结合不同历史时期的时代因素剖析与规划背景解读,对墨尔本城市公共空间的发展历程、理论实践的演进过程做出系统性的全景梳理,研究内容包括对公共空间规划以及影响公共空间发展的城市规划及其相关重要议题的探讨,以期为国内开展城市公共空间规划研究与治理实践提供一份相对完整的参考资料。

2

墨尔本城市公共空间概述

2.1 墨尔本概况

墨尔本位于澳大利亚东南海岸菲利普湾(Phillip Bay)内,都市区面积约 8 831 平方公里,人口 500 多万,是维多利亚州首府和澳大利亚的文化、教育与艺术之都,也是南半球较广大的都会区和著名的世界宜居都市(图 2-1)。墨尔本以英国首相第二代墨尔本子爵威廉·兰姆(William Lamb)(图 2-2)的名字命名,由英国维多利亚女王于 1847 年宣告成立。墨尔本城市环境优雅,曾多次荣获联合国人居环境奖,并连续多年被《经济学人》智库(The Economist Intelligence Unit, 简称 EIU)评为世界宜居城市。

图 2-1　墨尔本区位

作为最适合人类居住的城市之一,墨尔本因其优质的人居环境成为现代宜居城市建设的典范模本,源源不断地吸引着来自世界各地的移民和游客。

与悉尼(Sydney)、布里斯班(Brisbane)等澳大利亚少数中心城市一样,得益于优越的地理位置,自19世纪中期以来,墨尔本作为世界通往澳大利亚广阔腹地的门户型城市而得到了持续不断的快速发展。历史学家将澳大利亚的悉尼、墨尔本和美国的旧金山、西雅图等城市称为速生城市,这些城市大都是19世纪左右从零开始建造的新兴城市。

在20世纪至今的大部分时间里,这些城市成为环太平洋地区最引人注目的,在人口、物质、环境以及城市建设等各个方面都取得了巨大成就的国际城市。这些城市由新的城市规划理念塑造而成,它们的空间结构、经济结构、社会结构是西方现代城市发展逻辑的生动体现(图2-3)。

图2-2　第二代墨尔本子爵威廉·兰姆

图2-3　墨尔本城市肌理(红色范围为城市中心区)

作为一座在 19 世纪的殖民地与城市化浪潮中迅速发展起来的速生城市,自
1847 年建市至今,在不到两百年的时间里,墨尔本从一片滨水自然荒地迅速成长为
拥有高达 500 多万人口的国际性都市和澳大利亚乃至南半球最重要的经济、文化与
艺术中心之一,而且这种增长一直在持续,并没有停止的迹象。墨尔本的城市人口规
模将接近有着两千年历史的伦敦和四百多年历史的纽约。在近现代城市发展史上,
墨尔本当之无愧为世界城市建设的奇迹之一。

2.2　墨尔本城市公共空间体系

作为世界闻名的宜居都市,墨尔本曾连续 7 年占据《经济学人》发布的全球宜居
城市榜首位置。全球宜居城市报告是根据 EIU 指数,在考察全球 140 个主要城市的
建成环境、基础设施以及教育、文化、医疗等 30 多项指标的基础上评定的。在众多因
素中,高质量的公共空间为这座城市塑造了独具特色的城市环境与城市形象,为墨尔
本建设世界宜居城市贡献了重要力量(图 2-4)。同世界范围内的大多数城市相比,
墨尔本有着优质的公共空间和城市环境,正是因为城市发展政策、城市规划与城市设
计实践长期以来浸入城市公共空间的方方面面,使得墨尔本成为一个独具特色的宜

图 2-4　墨尔本城市环境

居城市。

毫无疑问,城市公共空间代表着一座城市的环境特征与文化特色,是一座城市的标识和名片,对于城市价值有着深远意义。对于市民与游客而言,墨尔本最大的魅力来自一种直观感受——令人驻足的步行街道、丰富多彩的城市公园、充满活力的运动赛场,以及富有文艺气息的背街小巷。

现今的墨尔本有着网络健全、结构清晰、功能完善且使用便捷的公共空间系统。构成墨尔本城市公共空间体系的要素包含了城市街道、城市广场、城市公园、自然保护区、公共水域,以及公共部门、社会组织和私人拥有的向社会开放的大学校园、娱乐场所等各类公共空间。另外,包括社区花园、运动赛场在内的半开放型公共场所也是墨尔本公共空间网络的重要组成部分。总体来看,根据功能与特征分类,墨尔本的城市公共空间可分为以下四种类型。

第一类是 19 世纪欧洲移民到达后,在墨尔本早期执政官拉筹伯(Charles La Trobe)主导的城市规划下发展起来的公共园林、林荫大道以及大学校园,如皇家公园(Royal Park)、王子公园(Princes Park)、旗杆公园(Flagstaff Park)、墨尔本大学(The University of Melbourne)(图 2-5)等。众多的历史性公园、林荫大道与大学校园构成了墨尔本城市公共空间的网络核心和文化图底,是墨尔本打造世界宜居都市的重要基础与优势资源。

图 2-5　墨尔本大学

　　第二类是自然特征与人工特征相结合的城市滨水景观带，包含雅拉河（Yarra River）、马瑞巴农河（Maribyrnong River）和莫尼溪（Moonee Ponds Creek）等流经墨尔本市区的主要河流形成的线性滨水绿带、自然保护区等大型公共开放空间（图2-6）。20世纪以后，随着城市化进程的快速发展，墨尔本城市河流的生态环境和生物多样性持续退化，自20世纪中期起，墨尔本开始转变滨水空间价值观，尊重与优化滨水空间作为市民休闲活动场地和主要物种栖息地的多样性价值，并逐渐沿滨水地带建设了多处大型城市生态绿廊与公共开放空间，使多条河流的滨水绿带成为市民亲近自然和开展水上游览、慢跑、散步、骑行等长距离休闲活动的理想空间。

图2-6　雅拉河岸公园

　　第三类是在城市化进程中形成的、具有现代特征的商业、文化和休闲娱乐功能的新公共空间，如联邦广场（Federation Square）（图2-7）、维多利亚艺术中心（Victorian Arts Centre）、墨尔本中心（Melbourne Central）、维多利亚市场（Queen Victoria Market）（图2-8）等城市广场和各类具有公益性质或公共属性的文化、艺术、商业建筑。在近年来的城市公共空间发展战略中，根据城市人口增长与生活需求预测，墨尔本持续不断地通过城市更新、优化公共空间结构功能，塑造了具有功能复合性与形态多样性特征的新城市公共空间，这些空间已经成为市民和游客体验墨尔本都市魅力的主要场所。

图 2-7　墨尔本联邦广场

图 2-8　墨尔本维多利亚市场

　　第四类是澳大利亚举办网球、板球、足球、赛马等大型国际性运动赛事的公共场地。作为闻名遐迩的世界运动之都，墨尔本拥有墨尔本板球场(Melbourne Cricket Ground,简称 MCG)(图 2-9)、墨尔本体育和水上运动中心(Melbourne Sports and Aquatic Centre)、罗德拉沃竞技场(Rod Laver Arena)、墨尔本矩形球场(Melbourne Rectangular Stadium)、阿提哈德体育场(Etihad Stadium)、弗莱明顿赛马场(Flemington Race Course)(图 2-10)、玛格丽特竞技场(Margaret Court Arena)、墨尔本大奖赛赛车道(Melbourne Grand Prix Circuit)等一系列数量可观的各类运动场馆。

图 2-9　墨尔本板球场

　　上述这些运动场地或单独存在，或地处大型城市公园之内，抑或与滨水开放空间等其他公共场地紧密相连，在这些场地内举办的澳网公开赛、一级方程式赛车、澳大利亚足球联盟赛、墨尔本杯赛马会等各类运动赛事一年四季都能够吸引成千上万的民众和观光游客涌入各大体育场馆观看。通过多样性的运动功能，这些场地与政府机构以及公益运动组织紧密联系，此类空间是墨尔本打造国际运动之都的重要公共场地与国际交往空间。

　　从某种意义上说，这四类空间恰恰代表了墨尔本城市公共空间的四种典型属性：历史性、自然性、现代性与活动性。墨尔本的繁荣发展与这些公共空间息息相关。作为一座典型的移民城市，多元文化造就了墨尔本今天的繁荣，丰富的公共空间则为民

图 2-10　墨尔本弗莱明顿赛马场

众领略城市历史、亲近城市自然和体验都市魅力提供了理想的场所。今天的墨尔本已经从初生时期的资源型城市成功转型为一座因高质量的城市环境而闻名遐迩的世界宜居都市。在营造世界宜居城市的众多要素中,优质的城市公共空间为本地居民和外地游客提供了感受城市的最佳机会。作为著名的宜居型国际都市,各类城市公共空间为墨尔本人居环境的塑造及其城市声誉的提升曾经发挥过,并将继续发挥巨大的综合性价值。

3

霍都网与城市中心区公共空间变迁

3.1 霍都网规划

作为 19 世纪兴起的殖民地城市中心,霍都网
(Hoddle Grid)位于墨尔本城市核心"黄金一英里"地
段,既是今天的城市中央商务区(CBD)所在地,也是墨
尔本城市规划中定义的中央活动区(Central Activity
District,简称 CAD)所在地。霍都网所在的城市中心区
源于来自澳大利亚塔斯马尼亚(Tasmania)的自由定居
者在 1835 年左右建设起来的小型村庄。两年后,与英
属新南威尔士(New South Wales)殖民地总督理查
德·布尔克(Richard Bourke)一起到达墨尔本的土地勘
测员罗伯特·霍都(Robert Hoddle)(图 3-1)规划完成
了明确的网状城市空间结构,这一地区也因此被称为
霍都网(图 3-2)。

图 3-1 规划师罗伯特·霍都

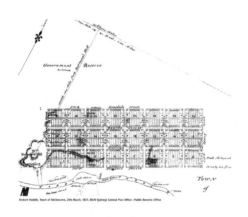

图 3-2 "霍都网"规划方案

与悉尼等澳大利亚其他殖民地城市不
同的是,墨尔本的早期居民是来自各地的
自由定居者,而非英国政府派遣或与英国
政府签订条约的私人投资者。墨尔本最初
并没有被派驻军事统治者,也并非英国遣
送服刑人员的海外殖民地。在城市发展初
期阶段,墨尔本是一个生活条件艰苦的小
村镇,但优越的地理位置使其很快成为通
往澳大利亚内陆的工农业产品生产、加工
中心。19 世纪 40 年代初,墨尔本已经拥有

了包括木材厂、铸造厂、制革厂、食品厂在内的一系列生产型工厂。19世纪中期,金矿的发现使来自世界各地的大量移民人口疯狂涌入,墨尔本迎来一段井喷式大发展时期,现代化的城市公共设施很快得到了大规模的开发建设。

在经济方面,19世纪30年代末,新成立不久的澳大利亚银行、菲利普银行、联合银行已经在墨尔本开设了分行。随着工厂数量持续增长,墨尔本在1841年成立了市场委员会,1842年在城市中心区西部的柯林斯大街(Collins Street)建设了货物交易市场,1847年又建立了东部货物交易市场。1851年以后,金矿开采带来了采矿业、金融业以及一系列相关产业的迅速发展,随着大量金融资本、商业机构的入驻,墨尔本开始成为19世纪备受世界瞩目的新兴城市。

3.1.1 霍都网选址

在城市建设方面,墨尔本最初的城市形态,即霍都网的位置、方向和轮廓主要是由地形决定的。澳大利亚的海滨城市大多数面向大海并随着城市发展逐渐向内陆延伸,与之不同的是,墨尔本建城选址的核心位于雅拉河入海口上游约6英里[①]处。从地理环境特点看,雅拉河南岸不仅地势低洼,经常被洪水淹没,而且岸滩水浅,船只难以停靠,相较之下,沿着雅拉河北岸逐渐抬升的缓坡地带建设城市是正确的选择。

在形式和尺度上,霍都网与当时新南威尔士州已经建立的土地测量标准和城市建设理念密切相关(在1851年独立以前,墨尔本所在的维多利亚州曾隶属于英属新南威尔士州殖民地)。1837年3月,在跟随总督布尔克爵士抵达菲利普港后,霍都随即被任命为土地测量部门主管罗伯特·罗素(Robert Russell)的高级勘测员。在完成土地测量与实地调查后,霍都规划的主要城市街道被安排在了雅拉河北岸的缓坡之上,墨尔本因此形成了一个长方形、网格状的城市中心区,其空间布局在两座小山坡之间,与雅拉河走向基本平行,非常适合周围的地理环境特征(图3-3)。

在筹备墨尔本市成立之初,预见到土地将被细分出售和分区建造,霍都与布尔克总督就城市街道规模与城市街区大小的规定和城市空间的形态尺度进行了详细规划,霍都改变了欧洲城市规划的传统惯例,设定了四条与雅拉河走向平行的主要大街。这四条大街就是时至今日依然繁华的弗林德斯大街(Flinders Street)、柯林斯大街、伯克大街(Bourke Street)、朗斯黛尔大街(Lonsdale Street)(图3-4)。大街与大街之间贯穿着24个街区和划分街区的密集巷道,二者共同交织形成一个工整的空间网络,构成墨尔本中央网格式的独特空间结构和布局形态,网络外围以及雅拉河两岸预

———————————
① 1英里≈1 609.344米。

留了大片空地以待未来开发利用。

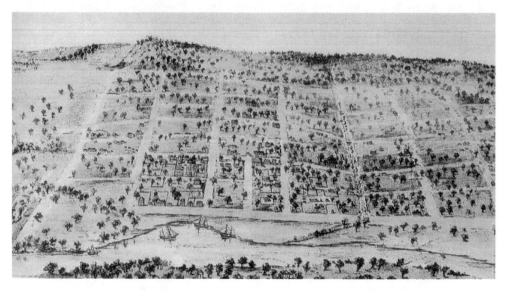

图 3-3　墨尔本景象（1838 年）

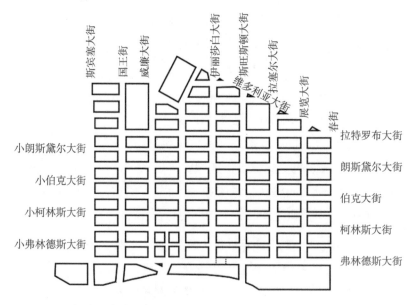

图 3-4　"霍都网"街道格局

　　在城市公共空间建设方面，霍都最初有着一定的规划构想，但由于种种原因未能得到实施。例如，1840 年，英国殖民当局从当时的殖民地首府悉尼发出行政指令，要求将巴特曼山（Batman's Hill）西南部的未开发土地划拨出一部分用于建设城市植物园。为此，霍都于 1842 年按政府选址要求在巴特曼山进行了植物园规划，但地方议会在 1843 年要求对这一选址进行重新评估,主要原因是,随着城市快速发展,巴特曼山附近已经逐渐被工业用地包围,公众意见认为,这样的环境不适宜建设植物园,各方舆论更倾向于将植物园建在自然环境保持较好的雅拉河南岸(霍都网之外)。

1845 年,在议员史密斯(J. T. Smith)的建议下,墨尔本市议会仍坚持保留巴特曼山作为公共娱乐场所但没有成功。1846 年,市议会最终确定在雅拉河南岸附近预留500 英亩①的土地作为公园用地,并要求政府为其提供建设经费,这一选址即今天的墨尔本植物园所在地。在以上博弈过程中,巴特曼山被当时的铁路部门接管,最终发展成为今天市区的公共交通枢纽所在地。

当时土地测量部门完成了网格式的布局规划,并规定了街道和街区的分配大小。除了根据布尔克总督的指示做出一些具体修改以外,霍都网的各个方面基本满足了新南威尔士州关于城市建设的规定标准。关于霍都网的规划成果,主管土地勘测的罗素也是参与人之一,而且整体规划方案极有可能是罗素的主张。

也有学者认为,霍都网明确的空间布局是霍都在罗素完成的地形调查与居民点选址的基础上添加的。无论罗素是否参与了霍都网的最初规划,可以肯定的是,这个方格网的详细布局是霍都在 1837 年绘制的。正如罗素自己在1888 年回忆的那样,他本人负责地形调查与建设选址,霍都负责划分土地。因此,墨尔本的早期规划算不算是罗素的作品,这是一个至今仍颇有争议的话题。

划定城市方格网后,霍都继续对墨尔本东部地区开展了详细规划,并在1839 年提议在今天的墨尔本港地区设置一个城市功能分区,但这些计划出于多种原因未能得到实施。1855 年前

图 3-5　墨尔本总体规划（1855 年）

后,在墨尔本总体规划(图 3-5),以及卡尔顿地区(Carlton)和北墨尔本(North Melbourne)规划中(图 3-6),墨尔本近郊地区的城市空间结构被设计为主干道与支路

① 1 英亩≈4 046.856 平方米。

相结合的布局模式,这改变了霍都规划城市中心区时采用的均衡式路网结构与街区尺度,这种新的布局方法随之成为维多利亚州各地广泛使用的城市分区规划的早期参照。这样,霍都网就成了维多利亚州乃至澳大利亚城市规划的一个独特案例。

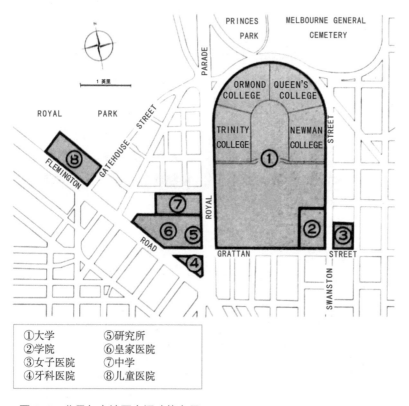

图 3-6　北墨尔本地区空间功能布局

3.1.2　霍都网规划特点

作为墨尔本的城市中心,以空间布局的规律性和维多利亚时代的建筑风格为主要特色,霍都网是墨尔本中央商务区的核心,是 19 世纪发展起来的大英帝国的重要殖民城市 CBD 之一(图 3-7)。1851 年脱离新南威尔士州之后,维多利亚州开始在墨尔本城市中心区建设大量公共建筑,因富有标识性的空间形态结构和城市景观风貌,霍都网迅速成为澳大利亚城市规划的经典模式。总结起来,霍都网规划主要遵循了以下几个方面的基本原则。

①城市中心区选址于与滨海地区稍有距离的内河沿岸。

②土地分配和街道尺度满足地方(新南威尔士州)城市规划条例的规定标准。

图 3-7　"霍都网"景象（20 世纪初）

③城市中心区布置在一个矩形网格上，并做了轻微的结构调整以适应地形特点。

④城市中心区仅有少量土地分配给住宅建筑，其余空间主要用来满足城市经济发展需求(图 3-8)。

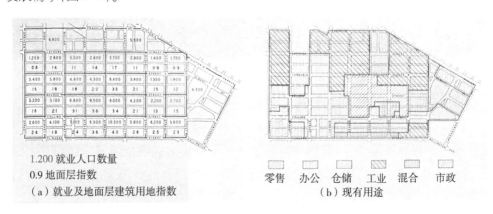

图 3-8　"霍都网"用地功能分配

⑤鼓励以租赁土地的方式开展城市建设，限制土地自由出售，禁止对土地投机买卖。

19 世纪末，人们的普遍看法是，墨尔本是一个有着强劲增长能力，拥有高效投资回报和先进技术的新兴城市，是一个新兴的、比澳大利亚其他城市都更具世界特点的年轻城市。尽管如此，霍都网的空间布局并没有像其他殖民地国家在 19 世纪末和 20 世纪初新开发地区展现出的空间宏伟感，与美国的城市规划模式也不尽相同，尊重和适应自然地形的空间形态，考虑人性化尺度的街道和人行道宽度，以及优雅的行道树使墨尔本的城市景观既具有特色又工整、清晰且易于识别，网格状道路被视为墨尔本最与众不同的规划标志。

在雅拉河北岸，滨水沼泽地被填充后加以利用，这在很大程度上消除了地形对霍都网规划带来的限制。由宽阔而略有起伏的直线型街道构成的长方形平面格局为墨尔本带来的是秩序、便利和优雅而富有希望的城市景观，这不仅有别于欧洲的传统城市肌理，与步行交通不便的北美城市也形成了鲜明对比（图 3-9）。

图 3-9   "霍都网"街道景观（20 世纪初）

优越的地理位置带来港口码头、工商业发展的历史机遇，充满活力的年轻人和追求自由的新移民不断涌入，霍都网很快就吸引了许多公共性的经济、社会与文化活动，这些活动不仅超出了澳大利亚城市的公共服务承载力，也大大超出了霍都网的功能辐射半径。霍都网里兴建的商业、工业、金融业总部开始影响维多利亚州、澳大利亚，甚至是更广阔的世界其他国家和地区（图 3-10）。

对于开展一系列的经济、社会、文化活动而言，霍都网作为一个城市中心区的主要好处是它非常容易到达。由于这里的人口最为集中，霍都网也成为各大百货公司和零售企业的理想选址地点，因为要想获得生存空间并不断发展壮大，这些企业必须位于能吸引足够多人群的城市核心地带。此外，由于频繁的社会交往，墨尔本的公共娱乐功能和公共服务设施也主要集中在这里。因此,今天称之为 CBD 的中央商业区顺理成章地在霍都网形成。

如今,尽管城市中心区早已超出了霍都网的原有空间范围,一部分公共活动延伸到墨尔本北部,另一部分城市功能则穿越河流进入墨尔本南部地区,但这座城市最主要的功能仍然聚集在霍都网之内。与此同时,作为面向整个维多利亚州提供服务的城市中心,霍都网不仅是墨尔本的 CBD 更是区域性的城市 CBD,它所承担的角色不仅需要从墨尔本都市区的角度考虑,还必须从维多利亚州,以及更广泛的澳大利亚腹地角度来考虑。

图 3-10　澳大利亚大厦（1888 年）

尽管霍都网最初的优势是便利的矩形布局和直线型街道,但这仍然无法满足不断发展的城市所需。从公共空间格局看,霍都网强调街区的划分,但受时代所限,当时没有对公共空间进行专门规划。作为维多利亚州首府的城市中心,霍都网任何空间结构上的先天缺陷都将直接影响墨尔本乃至维多利亚州的经济、社会与文化发展。

理解城市所需,认知霍都网的缺陷和不足,对于制订城市中心区的未来发展计划至关重要。伴随着城市人口的快速增长,霍都网的主要缺陷,也是主要需求,就是缺少公共空间,以及迫切需要缓解因人口过度集中而造成的交通拥挤。如果没有足够的公共活动空间,霍都网承担的城市功能会受到明显的限制。对于当时而言,对霍都网制订改造计划需要足够的规划远见,必须放眼长远,不仅要为解决眼下的需求做准备,还必须为未来的发展奠定基础。

3.2　霍都网内的公共空间演变

作为墨尔本的中央商务区所在地,霍都网是整座城市的"黄金地段",也是 19 世纪闻名世界的殖民地城市核心。霍都网内的街区、建筑基本上是 19 世纪中期以后规划建设的,这些街区、建筑在形态和功能上具有系统性,展现了独特的维多利亚时代风格。由于港口以及城市规模不断扩大，霍都网很快成为工商业和金融业总部所在地，其影响遍及维多利亚州，其所承载的城市职能也远远超出了霍都网狭小的空间界限。此后，随着时代发展背景愈加复杂，霍都网的后续演变受到政治、经济等各个方面的诸多影响，如 19 世纪中期的淘金热、维多利亚州的独立、临时首都的设立、地方工业保护运动的兴起，以及二战后的经济复苏与繁荣，等等。

3.2.1　缺位的公共空间

19 世纪末 20 世纪初，墨尔本迅速发展，霍都网的城市功能演变如此之快，以至于霍都最初设想的空间便利性很快就难以为继。正如前文提及的，通常被忽略的一个事实是，在严格的市中心区范围内，也就是霍都网之内，除了大街小巷以外，墨尔本没有建设专门的城市公共空间。墨尔本城市中心区内最早的公共空间是立市 38 年后在市中心西北部建设的旗杆公园，而旗杆公园的前身是埋葬首批殖民者遗体的公共墓地。

其他几个同时期建设的主要城市公园或公共花园也都位于霍都网之外，并且，这些公园基本上都是各类大型公共建筑的预留用地或附属用地，如环绕议会大楼的"议会花园"(Parliament Gardens)（图 3-11），原维多利亚州财政部大楼的"财政部公园"(Treasury Gardens)，以及专门为 1880 年墨尔本世博会展馆配套设计的卡尔顿花园(Carlton Gardens)。

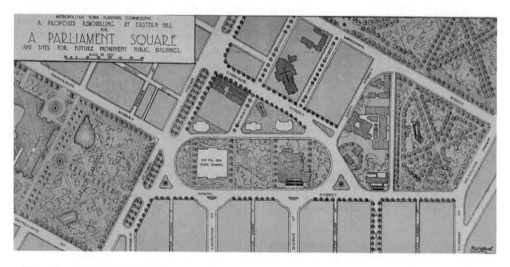

图 3-11　议会花园平面布局

出现这种情况并非城市规划的失误，而是殖民地官员刻意为之。毫无疑问，在开发澳洲大陆之初，殖民者主要是从掠夺财富和摄取经济利益出发，对市中心进行路网规划与空间划分,一个最主要目的是为了方便快速地建立适应土地销售市场的城市结构,以便于快速开发地块、售卖土地从而获得高额利润。

另一个重要因素是,殖民者也担心在欧洲带有民主象征的城市广场等公共场所的设置,便于怀有不同诉求的民众聚集,从而挑战其殖民统治。正如当地一位政府官员描述的一样,"广场只会鼓励民主精神"。毫无疑问,在墨尔本立市之初,代表民主精神的城市广场肯定不在大英帝国派遣的殖民地官员的施政选项之内。

所以,在相当长一段时期内,只有街道能勉强算作墨尔本市中心的公共空间(图3-12)。可以说,在从一座小镇经由现代工业化进程发展成为澳大利亚第一大城市的历史长河中,墨尔本的城市环境与舒适宜人基本不沾边。尽管如此,对于霍都网而言,与广场、花园、公园等有待发展的公共空间相比,这个中心地区最明显也最有待解决的当务之急,当属城市道路系统面临的一系列发展矛盾。

图 3-12   "霍都网"城市空间肌理 (20 世纪中期)

作为一个现代城市的核心功能区,霍都网迫切需要一个规划更周密、设计更精良的道路系统,以满足所有城市发展对其提出的各项合理要求。这是因为,更优质的道路系统不仅能够为城市居民带来交通便利,而且有利于减少越来越频繁的交通事故,更重要的是能够给予道路交通(包括马拉车、机动车和步行交通)更大的行动自由,从而产生有利的经济发展效应。

此外,民众对居住环境与生活条件的改善需求也是推动霍都网空间演变的一个重要社会因素。直到今天,世界上任何一座城市仍存在不同程度的空间拥挤与公共卫生问题。早在 19 世纪末,现代城市文明的社会良知被唤起,城市居民对城市卫生和居住环境问题提出越来越强烈的抗议。20 世纪初,澳大利亚联邦政府和地方政府才在一定程度上接受了改善城市居民生活环境的社会责任。在此背景下,墨尔本在 1929 年出台的城市规划方案中强调了居民住房与城市规划之间的关系,并提出了改善住房条件与居住环境的规划建议。

1936 年,墨尔本市政府委托住房和贫民区废除组织调查住房条件与居住环境问题。该机构检查了墨尔本数百英里长的街道和 8 万多所居民住房,并对其中 7 000 多所质量较差的住房进行了详细检查。调查发现,当时的大多数住房没有足够的通风日照条件,也没有配备必要的公共服务设施,一部分住房因年久失修而质量堪忧。调查表明,墨尔本城市中心区的居住环境无法满足居民的基本生活需求,假设每户住宅平均有 4 人居住,那就意味着有近 3 万人的居住条件没有达到当时的住房标准与环境要求。

与此同时,随着城市空间迅速向外扩展,霍都网地价越来越昂贵,大量新移民难以承担在工作地点附近购房、租住的高额房价。除非采取积极措施,确保市民能够在城市中心区以及附近得到适当安置,否则墨尔本的郊区化趋势将继续扩大。如何以正确的规划决策、恰当的规划方式重新发展城市中心区,以改善居住环境和生活条件,吸引更多的人口回到城市中心区工作和生活,让越来越显著的郊区化趋势得以扭转,使市民能够享受既靠近工作地点,又能居住在舒适健康环境里的双重好处,这是墨尔本城市中心区面临的严峻挑战。

尽管矛盾和问题很多,但自建成后直到 19 世纪末 20 世纪初,霍都网的空间格局基本没有大的改变,虽然一部分住宅建筑陆续实施了改造建设,但街区、街道、铁路以及公共建筑却为保持霍都网空间结构的稳定性提供了基础(图 3-13)。

20 世纪中期,二战后的经济快速增长就像一剂强心针,在经济全面复苏的刺激下,墨尔本很快就迎来了金矿开发后新一轮的城市扩张运动,此次扩张为墨尔本的城市规划带来两个角度的深远影响。

一是随着经济、人口的持续增长和城市建成区前所未有的拓展,墨尔本作为澳大利亚和南半球大都市的空间格局基本形成。在这一背景下,墨尔本最早于 1954 年开始着手准备大都市区规划编制工作。1971 年,用以满足未来城市规模预测和发展引导的《墨尔本都市区规划政策》(Planning Policies For The Melbourne Metropolitan

Region)正式出台,现在看来,二战后的经济复苏和城市空间扩张是墨尔本编制大都市发展规划的重要基础。

1840年

1860年

1880年

图 3-13 墨尔本城市街道演变

二是在外围城市郊区不断扩张的同时，墨尔本的城市中心区却因交通拥挤、环境恶化而迅速衰落了。此时的墨尔本由最初的网状城市中心以及广阔的郊区居住地带共同组成，二者之间主要依靠长距离通勤铁路网和轨道交通网络（地铁与电车）联系。但是，随着机动车数量急剧增长，规划于 19 世纪中期的霍都网越来越难以承受过大的交通压力，机动车与行人之间的冲突越来越严重，由此，不断激化的交通问题催生了以城市中心区为重点对象、以城市街道改造为核心内容的城市设计实践，开启了墨尔本实施城市更新的历史时代。

3.2.2　道路交通矛盾

20 世纪初开始，机动车逐渐进入澳大利亚的普通家庭，从统计数据看，1924 年到 1951 年间，墨尔本马拉车的比例从 34% 下降到 13.3%。与之相反的是，仅 1917 年至 1928 年间，墨尔本的机动车登记数量就在短短十余年内增长了八倍，机动车开始对城市中心区的交通状况产生前所未有的历史性影响。

当时，每一个在墨尔本乘坐汽车出行的居民都能意识到交通拥堵造成的时间成本与经济损失。根据计算，在没有其他延误因素的情况下，仅停止和启动一辆汽车消耗的时间就等于汽车以正常速度行驶四分之一英里所花费的时间。如果以汽车消耗的燃料进行衡量，机动车交通更是一笔巨大的资金浪费，减少这种浪费对墨尔本和任何一座城市都具有相当大的经济价值。除此以外，人车冲突、交通事故频发也是一个需要解决的、重要的安全问题（图 3-14）。

曾于 1918 年担任市长的斯塔普利（Frank Stapley）是墨尔本早期城市规划运动的主要倡导者之一。作为一名熟悉美国城市规划思想的建筑师，斯塔普利非常理解开展道路交通规划的重要性，他支持政府对墨尔本的交通拥堵状况进行专项调查，并责成规划部门编写了专题研究报告。在一系列规划成果中，1929 年出台的《墨尔本总体发展规划》（Plan of General Development：Melbourne）涉及道路交通规划、开放空间规划、功能分区规划等主要内容，这是 20 世纪早期墨尔本完成的一份最具系统性的城市发展战略规划。

《墨尔本总体发展规划》的编制机构是墨尔本都市区城市规划委员会（The Metropolitan Town Planning Commission）。委员会指出，墨尔本需要一个专门机构负责都市区主要道路的规划工作。当时的情况是，在都市区内部，每个地方市议会仍然全权负责其境内地方道路的规划建设工作，墨尔本一直没有一个专业机构负责统筹协调城市道路的发展需求，也没有相应的专业机构负责研究、规划都市区的整体道路系统。委员会认为，即便如此，作为城市发展的重中之重，霍都网内的道路系统必须

图 3-14　墨尔本弗林德斯街火车站

保障其主要用途,即确保人口流动和财富进出的自由流通。除非行人和车辆能够自由进出,否则墨尔本 CBD 的经济效率必定受到严重影响。因此,开展道路交通规划应该成为霍都网实施城市更新的首要任务。

　　对外方面,由于城市向雅拉河南岸迅速发展,霍都网南部地区交通压力不断扩大。随着南郊地区实现城市化转型,该地区居住的大量工人到达霍都网的通勤问题变得更加突出。很明显,墨尔本的一大需求是增加城市中心区南部出口,以便于 CBD 地区能够更好地对接城市外围干线道路系统(图 3-15)。

对内方面，虽然霍都规划的"方格网"在街道宽度上具有一定的原始优势，但人车混行的交通状况、随意停放的马车和机动车极大弱化了这种优势。由于机动车交通量增长过快，此时大洋彼岸的美国的各城市已经在想方设法地利用更立体的交通系统、规划尺度更大的城市街区来改善交通压力。但很显然，在面积极为有限，规模更"袖珍"的霍都网内，墨尔本即使采用美国城市的规划方法也很可能无济于事。因为道路交通的立体化改扩建不但难以满足不断发展的城市需求，而且随着人口持续增加和机动车大规模上路，CBD面临的交通问题，尤其是步行交通问题可能会因道路立体化而变得更突出、更复杂（图3-16）。因此，霍都网需要与美国城市不同的解决方案。

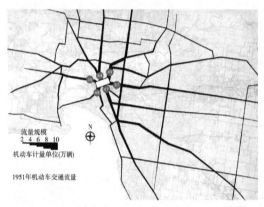

图 3-15　墨尔本对外交通疏散结构（1951 年）

图 3-16　"霍都网"交通事故发生地调查（1927 年）

以有轨电车为例，在墨尔本城市中心区，有轨电车对街道的占用一直是一个有争议的话题。有轨电车大多位于交通繁忙的主要道路上，这会造成有轨电车和汽车运输的双向拥堵和延误。在城市内部，运送大量人口的最佳方式无疑是轨道交通，墨尔本的轨道交通包括有轨电车和铁路系统，要保证其高效运转，就必须摆脱轨道交通对其他交通形式，尤其是机动车和步行人群的干扰。但霍都网位于寸土寸金的城市中心地带，这一问题更加突出，也更难处理。

由于有轨电车通常与机动车共享道路空间，其站台、轨道等基础设施布局的科学性、合理性就非常重要，但这在以往的道路规划中没有受到重视。如果有轨电车要为公众提供更方便、更舒适的公共交通服务，并防止对其他交通产生过多干扰，就有必要对其线路、站台进行优化设计。尤其是当有轨电车为火车和地铁提供接驳服务时，考虑更周到的人性化换乘系统也非常重要，这对增加公共交通系统的吸引力有积极意义。因此，霍都网内的街道改造是一项复杂工程，它集中体现了多个方面的规划协调问题。

此外,霍都网内不断扩大的建筑面积表明,尽管环形地下铁路能够通过快速分流改善都市区的交通状况,但并不能解决城市中心区的交通疏散问题(图3-17)。同时,随着城市不断发展壮大,中心区高度依赖的商业功能将带来大量购物者,这意味着,与购物者规模相应的步行交通将大大增加,这些人口不仅需要从各个郊区自由进出城市中心区,更需要能够在城市中心区内部自由行走(图3-18)。

图 3-17　城市道路交通规划（1954 年）

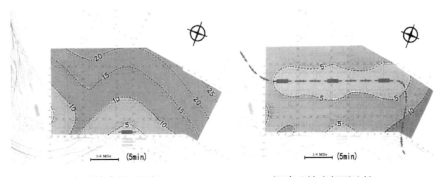

现有地铁步行可达性　　　　　　拟建地铁步行可达性

图 3-18　"霍都网"步行可达性分析（1929 年）

在步行流量密集的霍都网内部,如果将城市有轨电车轨道建在地下,就不得不考虑这一决定需要付出的巨额改造费用。相比之下,通过交通法规的灵活调整,结合对交通行为的专门研究,以及配合实施相对低成本的街道改造,不仅能以有限的资金投入提高街道的综合交通承载能力,还能有效提升街道的空间活力,是可行的选择。墨尔本采取的折中方案,也是最佳方案,能更好地利用霍都网现有的道路系统,将有轨电车安装在道路中间地带,允许地面线路与机动车交通结合使用,同时为乘客步行跨越道路和穿过轨道提供便利。

值得注意的另一个重要背景是,在经历了第一次世界大战后,与许多城市一样,墨尔本也警惕性地意识到,在国家紧急状态下,保护市民和维持正常的城市活动是城市规划考虑应急状态的重要内容。尽管第二次世界大战对墨尔本没有产生什么重大影响,但为以防万一,墨尔本历史上第一次组织大量劳工,于 1941 年在城市公园和公共花园中挖掘战壕,一千多名公务员为此进行了模拟紧急状态的战事演习,以应对可能发生的大规模空袭。

1942 年,墨尔本成为太平洋地区的重要盟军基地,太平洋战区盟军将领麦克阿瑟(Douglas MacArthur)亲自前往墨尔本并将区域作战总部设在了这里。这一经历更加让墨尔本意识到,任何一座城市都不能忽视战争的巨大风险,必须采取切实可行的预防措施,以便在受到战争袭击时保护城市,尽可能地减少生命和财产损失。而且自二战以后,拥有大规模杀伤力的现代武器使城市安全问题进一步复杂化,城市规划必须从一个新的角度看待城市人口日益集中的空间管理问题。

在确保城市安全方面,墨尔本认为城市规划可以发挥一定的作用。例如,通过鼓励人口分散,以及建立一个有助于人流、物流便捷流动的道路系统,城市规划可以为城市应急预案提供帮助。在制定城市中心区规划方案时,考虑安全需要,将街道作为公共空间不仅有助于打破城市中大量住宅建筑和公共建筑形成的空间隔离,还能提供人口疏散场所,这将有助于解决特殊情况下的城市应急管理问题。

针对上述问题,当时的规划认为,对霍都网进行以下三个方面的改造是必要的:

①适当调节街道使用功能,以便充分依托有利的街道格局促进区域内部的公共空间发展。

②优化进出城市中心区的交通格局和交通方式,提高进出城市中心区的通勤效率。

③逐步将严重影响城市中心区空间效率且并非必不可少的城市功能转移至都市郊区地带。

第一个方面,与郊区道路不同,面积有限的霍都网几乎不受步行路程的影响。美国城市规划学家雅各布斯认为,想要体现街道的空间活力和开展多样性的社会活动需要满足四个基本条件:一是街道的功能必须为两个及以上;二是街道的长度不能过长,能够给人提供更多选择方向;三是街道需要传承历史文脉,保留历史建筑,体现文化内涵;四是需要有足够丰富的沿街建筑功能将人流量和客流量吸引过来。

以上几点都需要在霍都网的道路使用方式上得到充分体现。集约化的土地利用程度决定了城市中心区需要按照机动车交通规模、城市中心区常住人口、工作岗位数量及根据公共交通枢纽的位置调整霍都网街道的使用功能。

第二个方面,墨尔本沿着霍都网的东、北、西边界有 13 个进入城市中心区的入口通道。由于雅拉河的阻隔,当时在霍都网南面建有四座桥梁,这些桥梁承载了所有南部地区的交通流量,那里除了建有大量工薪阶层住宅,还有对墨尔本经济发展至关重要的菲利普港。1951 年,墨尔本雅拉河南部地区停放的车辆比例已经达到大都市区所有机动车的 42% 以上,该地区还居住着大都市区总人口的 37% 和城市中心区就业工人的 41%。

造成墨尔本南部地区交通拥堵的原因显而易见,由于城市向南迅速发展,该地区的交通压力不断扩大。因此,霍都网空间改造的一项重要需求就是改善和优化霍都网与南部交接地区的城市道路系统与空间结构(图 3-19、图 3-20)。

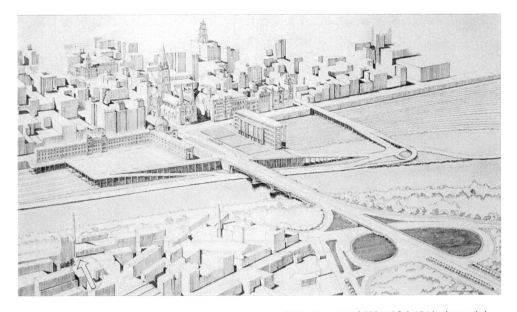

图 3-19 王子桥地区城市设计(1954 年)

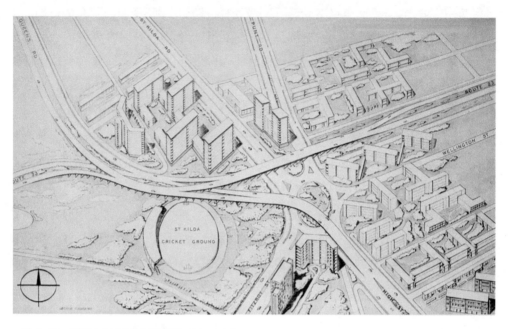

图 3-20　圣基尔达地区交通设计（1954 年）

第三个方面,受历史因素影响,霍都网内零散、小规模的企业较多,特别是工业、仓储用地占比较高。虽然工业、仓储功能与城市中心区的经济活动密切相关,但这些功能也吸引了大量货运车辆,增加了交通负担。对于现代化的中央商务区来说,相对于办公以及商业、零售等服务功能,工业与仓储功能并不是必不可少的发展要素,将其设在车辆可以自由出入的郊区地带更经济实惠。

位于霍都网的这些工业企业需要一个更合理的仓储位置,其中大多数企业可以利用现代交通工具的便捷流动性将厂房搬迁到更远的地方,对于这种降低经营成本的规划方案,大多数企业主能够欣然接受。很显然,将仓库、储存和工业活动从城市中心区域迁出的决定能够有效缓解该地区的交通压力,墨尔本需要做的是制定出鼓励工业分散发展的规划决策,确定适用于城市中心区的精细化分区管控方案,逐步取消非必要的城市功能,将霍都网的土地释放出来。

3.2.3　改造城市街道

与经济发展的阶段性特征保持高度一致,霍都网巨大的空间演变也始于 20 世纪中期。墨尔本第一座摩天玻璃大楼——1958 年建成的 ICI 大厦打破了 132 英尺①的

---

①　1 英尺≈0.305 米。

城市制高点,取代了圣帕特里克大教堂(St Patrick's Cathedral)的尖顶,成为城市中心区的地标性建筑(图 3-21)。1956 年至 1975 年间,墨尔本城市中心区的天际线及其地面空间结构发生了巨大变化。自 1985 年起,传统城市中心区内约有 48% 的土地被陆续更新开发;2015 年,区内共有约 186 栋 18 层以上的高层建筑,其中 128 栋(69%)为 1985 年以后建设,霍都网的空间形态和用地结构发生了实质性变化。

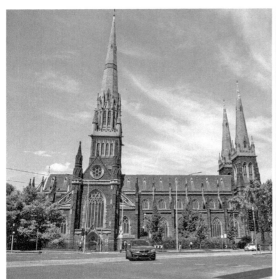

图 3-21　圣帕特里克大教堂（左）与墨尔本 ICI 大厦（右）

随着建筑高度不断升级,墨尔本城市中心区最原始的地形地貌特征被大量高层建筑掩盖,从而在视觉上淹没了城市地理的自然特征,这种自然特征原本是墨尔本的主要城市特征之一,非常易于识别。包括墨尔本在内,许多西方城市在这一时期几乎都面临着相同的问题——过大的空间尺度、单一的空间功能,以及千篇一律的空间形式无法吸引城市居民,与公共空间紧密相关的社会、文化以及商业等多种城市功能没有获得与空间尺度相匹配的发展。

受当时盛行的现代主义城市规划思想影响,城市街道网络正以两种方式发生改变:一是建筑作为限定街道、广场、街区形态尺度的基本要素转向大型建筑在空荡的大尺度空间内自由散布;二是街道由小规模、连续性的网络格局转变为被大型建筑分割的、跨越多个街区的巨型立体交通网络。越来越多的城市社会学家与城市规划师开始意识到,街道对于城市公共生活的重要性,他们希望城市能够充分利用街道重塑人们面对面交流的公共空间。

　　与专家们一样,墨尔本的城市居民同样希望将一部分街道变成公共场所,为他们提供在阳光下聊天、吃午餐和喝咖啡的地方。步行是街道作为物理空间的第一属性,其首要职责是为人提供一个优质的步行环境。人的户外活动与社会交往是维系街道活力的源泉,街道的场所精神更是激发城市活力的内在动力,除了交通功能,街道的另一项主要作用就是给繁荣城市中的人们提供公共交往的场所。

　　从空间系统的结构关系来看,在任何一座城市中,街道都是构成和链接公共空间网络的骨干基础,街道的通达性不仅能够反映公共空间网络的肌理形态特征,还直接影响着城市建筑的功能布局和人的出行选择。街道作为重要的城市公共空间,既承担着交通设施的基本功能,也是城市居民开展户外活动的主要场所之一。

　　需要看到,城市街道并非简单的交通空间,街道还蕴含着经济、社会、文化发展等衍生价值内容。当谈到城市公共空间时,往往首先将其理解为公园、广场、绿地等城市开放空间,不应忽略的是,街道也是城市公共空间的主要组成部分,是市民最基本的公共领域之一。20世纪以后,人的主体地位不断退让,街道被认为是主要供汽车行驶的交通场所,事实上,除了承担基本的交通功能,街道作为公共空间还拥有巨大的社会、商业、文化价值以及政治意义。

　　随着机动车日渐普及,居民生活方式发生改变,霍都网内的街道功能以及人们对街道作为公共空间的诉求也随之变化。作为城市公共空间,城市中心区的街道更应该关注安全性、便捷性、丰富性和趣味性的空间环境营造。在霍都网内部,要体现街道的公共空间属性,并不是一味地强调和优化交通功能,尤其是机动车交通功能,而是需要在各类城市空间与建筑之间提供有效的步行连接网络。

　　实际情况并不理想,由于空间过于拥挤,受建筑高度的影响,霍都网内的街道变成了没有阳光、阴暗和让人疏远的场所。面对上述问题,维多利亚州规划部门在1982年颁布的《墨尔本城市中心区设计法令》[*Planning Our City : City of Melbourne (Central City) Interim Development Order*]中做出了一项重要决策——墨尔本需要继续保持并不断发展适宜步行的、安全的、具有商业与休闲娱乐吸引力的城市环境。该法令从城市形象、建筑与土地开发、交通与步行环境三个方面分别提出了多项具体性的城市设计控制原则。规划决策及相应城市设计原则的制定,对墨尔本城市中心区的街道改造和公共空间演变起到了关键性的作用。

　　1985年,为有效承接1982年城市设计法令提出的发展目标,墨尔本市规划委员会进一步研究制定了《人性化的街道——墨尔本城市中心活动区步行策略》(Streets For People—A Pedestrian Strategy for the Central Activities District of Melbourne)。以往,墨尔本开展的城市规划主要关注都市区的对外扩张问题,城市中心区未受到足够重视。与此同时,过去的交通规划在城市宏观尺度下将机动车交通作为重点对象,交通规划与城市设计、机动车与步行系统之间几乎没有交叉。

在这种情况下,街道长期以来被看作是一项市政工程而非城市设计对象,街道设计、建造的出发点和主要目的都是提高机动车的交通容量和通行效率。面对越来越严重的人车矛盾,墨尔本第一次将城市规划的关注焦点从郊区拓展转向了中心区更新,并且这种焦点进一步明确聚焦到城市街道层面。与之相应地,街道也第一次成为墨尔本城市设计的关注对象和重要内容,这种转变对墨尔本的城市公共空间发展产生了深远影响。

在解决交通问题和人车矛盾的思考中,墨尔本较早地意识到,打造高品质的城市街道是提升城市环境吸引力的正确方向和有效途径。在这种意识的带动下,墨尔本将城市建设重心从开发新空间转向了改造提升现有街道质量的新方向。以这种城市设计思维转变为基础,墨尔本首次以人的步行需求为核心制定了两项街道设计策略。

一是基于交通模式、交通容量和交通安全等内容的详细调查,对机动车与行人间的矛盾冲突展开研究,在充分论证的基础上决定对霍都网的部分重点街道实施人车分流和空间共享改造。

二是对墨尔本城市中心区的步行交通流量、公共交通流量、路网格局、交通事故分布,以及交通政策管理等六项与步行质量紧密相关的研究内容进行广泛调研和数据分析,在此基础上提出,通过拓宽道路步行空间、增设步行基础设施、优化步行系统环境等途径打造人性化的城市步行系统,以提升城市街道的步行容量与步行吸引力(图 3-22)。

从概念内涵的角度理解,《人性化的街道——墨尔本城市中心活动区步行策略》体现了一种以人为核心、以构建人与街道关系为主旨的

图 3-22　墨尔本街道景观

城市设计思想，其设计对象主要针对霍都网内部的街道网络，其主要目的是建立城市街道与人更紧密的步行功能关系和营造更宜居、更人性化的街道环境。以上内容暗含了关于城市设计意识和城市设计对象的历史性思辨，这种思辨为城市设计与道路系统规划建立了以人为第一要素而非机动车交通为核心的新意识（图 3-23）。

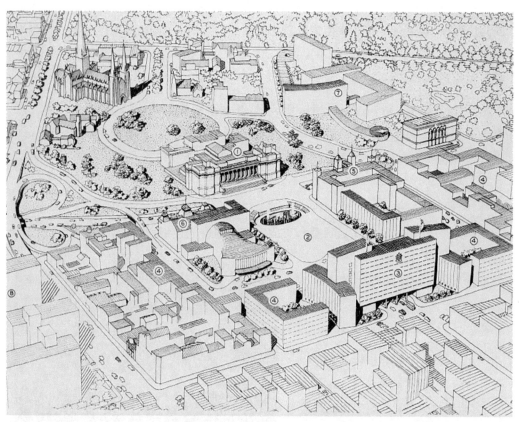

① 国会大厦	⑤ 酒店
② 市民广场	⑥ 剧院
③ 市政厅和市政办公室	⑦ 国家办公室
④ 市政机关	⑧ 规划联邦办事处

图 3-23　墨尔本中心地段城市设计（1954 年）

在霍都网内部，一揽子规划策略的陆续实施不断强化了城市中心区街道作为公共空间的功能特征。更为难能可贵的是，此后的 30 年间，墨尔本一直坚持不懈，逐年投入大量资金进行街道改造。通过合理的人车分流和限时交通管理，墨尔本不但较好地协调了机动车、公共交通与步行交通之间的矛盾，也为行人营造了更安全、更舒适、更有吸引力的城市公共空间。

在解决交通冲突和优化步行环境的基础上,自 20 世纪 90 年代以来,墨尔本进一步实施了街边咖啡馆规范、街头艺术执照规范等城市街道活化策略,根据这些策略,墨尔本在霍都网内积极开辟街道空间用于餐饮、咖啡经营和街头艺术创作,一系列软策略的配套实施使墨尔本的城市街道活力有了更显著地提升,为墨尔本利用有限的用地资源促进城市公共空间的进一步发展奠定了基础、创造了条件。

4

速生城市与都市区公共空间拓展

4.1 速生城市

在 19 世纪的城市化浪潮中,墨尔本与本国的悉尼、新西兰的奥克兰(Auckland)、美国的旧金山以及加拿大的温哥华(Vancouver)等一众环太平洋城市共同组成一个繁华的国际城市网络,这些城市在 20 世纪迅速成长为通向各自国家宽阔内陆腹地的门户型港口城市,使世界各地的移民在新国家、新城市的定居更为便捷,从而助推了当地经济市场向全世界的对外开放,也促进了种族文化的深度融合。

这些城市从零开始迅速崛起,利用最新的城市规划理念塑造城市形态与城市功能,使城市结构有利于经济社会环境的迅速发展。1888 年,伦敦记者乔治·萨拉(George Sala)将墨尔本称为"了不起的墨尔本"(Marvelous Melbourne),这一称呼恰当地表达了墨尔本非凡的城市建设过程,这是因为,在当时,墨尔本是环太平洋地区最引人注目的城市,同时也是人口增长最快和发展规模最大的城市之一。

4.1.1 产业发展与城市建设

与澳大利亚其他殖民地相比较,墨尔本城市发展的一个显著特点是其一开始就拥有极高的创业能力。与许多殖民地城市不同,墨尔本的早期定居点是由没有通过正规法律途径获取土地的投机商建设的。这种定居点的土地所有者是自由投资者,他们不属于传统的资本家概念。与已经腰缠万贯的资本家相比,这些自由投资者大多白手起家,有着积极的创业精神、开拓精神和冒险精神。正因如此,墨尔本在发现金矿以前就已经开始迅速崛起。

墨尔本的自由创业能力在淘金热潮中得到了进一步提升。金矿吸引了更多移民人口在此定居,这些新移民大多是有进取心、想要致富的年轻人,他们普遍信仰自由主义并且接受过现代思想的启蒙。在澳大利亚定居后,新移民对宗教事务消耗大量投资（如兴建教堂等）持反对意见，工人力争实施八小时工作日制度，并要求土地售卖对自由定居者开放，他们还倡导保护地方产业，这些地方产业在未来很快发展成为维多利亚州政府和整个澳大利亚的重要经济支柱。金矿开采以消耗有限的自然资源为基础，终有一天会开发殆尽，随之而来的是附属产业走向消亡，而保护地方产业则是一座城市可持续发展的重要动力，有利于推动墨尔本朝着国际大都市的方向发展。

　　1851 年，即维多利亚州与新南威尔士州分离的那一年，墨尔本发现了金矿资源。就像另外两个环太平洋城市，美国的旧金山和丹佛一样，世界各地的淘金者立即蜂拥而至。这三座城市最终都发展成了区域型的中心城市。在发现金矿之前，与其他海外殖民地一样，维多利亚州最初主要依靠出口农产品和进口资本成长，墨尔本则是以畜牧业产品对外输送为主的小型商业服务港。

　　与曼彻斯特（Manchester）等英国城市相比较，墨尔本的早期工业发展能力一直不足，市内工业企业不仅数量较少，规模也不大。然而，金矿开采迅速提高了墨尔本的出口规模，并且，与金矿相关的采矿业、钢铁业以及运输业等附属产业都得到了发展机遇，随着矿业取代羊毛等农产品成为支柱型产业，工业产品在澳大利亚出口贸易中所占的比例越来越高。

　　产业发展的同时，金矿开采也为墨尔本带来了大量年轻人口，当时很大一部分海外移民的年龄在 20 岁左右。在 19 世纪 40 年代性别比例刚刚达到男女平衡后，墨尔本男性人口比例再一次走高。在来自世界各地的移民中，中国移民绝大多数都是成年男性，主要来自广东省，大多居住在条件很差的雅拉河南岸。中国劳工到此淘金的目的是希望尽快带着财富回到中国，他们大多没有明显的定居意图。但出于各种原因，仍有一部分中国劳工留下来定居生活，1891 年，墨尔本唐人街已经达到约 2500 人的规模，这是唐人街形成的早期基础。

　　与悉尼或布里斯班相比较，移民墨尔本的定居者反对英国的情绪要小得多。19 世纪 70 年代起，从英国入境墨尔本的人数激增，与之相应的是，1870 年至 1880 年间，墨尔本涌入了大量新生企业，这促进了城市的进一步发展。19 世纪末 20 世纪初，墨尔本已经成为英国投资资本的一个漏斗，成为英国海外移民的主要通道之一。这一时期，除金矿开采以外，墨尔本通过加大扶持车辆制造、农产品加工等其他工业促进了城市经济的迅速发展（图 4-1）。一方面，墨尔本将不断生产的农产品、工业产品输送到世界市场；另一方面，因维多利亚州人口快速增长，越来越多的进口产品也能够迅速被广阔的腹地所消化。

　　与其他产业相比较，金矿开采带来的影响最巨大，也最直接。当时，墨尔本的建

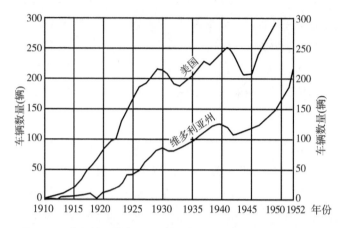

图 4-1　澳大利亚维多利亚州与美国机动车数量增长情况（20世纪上半叶）

筑行业规模不大,对于大规模移民的突然涌入完全没有充分准备,人口暴增导致墨尔本的住房问题变得陡然紧张起来。特别是自 1852 年开始,墨尔本的城市人口大幅增加,两年以后的 1854 年底,在约 7.7 万的人口总量中,新增加的移民人数就多达2.7 万多名,其中有很多淘金工人无法以体面的方式居住和生活,新移民开始把帐篷搭在空地、公园,甚至是街道上。

　　在贫民人口增加的同时,金矿开采也使一部分澳大利亚人一夜暴富。到了 1860 年,澳大利亚人均工业和农业产品消费量已经远高于宗主国英国,很可能也高于美国,但这种财富的分配极不平衡。在墨尔本,从城市核心向外扩张,工人阶层定居在郊区地带,这需要在通勤基础设施方面投入大量的公共开支。在这种情况下,城市中心区之外的郊区地带开始逐渐城市化(图 4-2)。

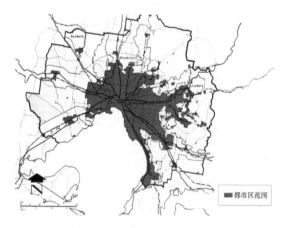

图 4-2　墨尔本都市区范围（1974 年）

　　1855 年,南墨尔本地区（South Melbourne）率先成立了第一个郊区市政当局。1857 年,圣基尔达地区（St Kilda）紧随其后被纳入墨尔本理事会之下,并宣布为墨尔本的市辖区。此后,普拉赫兰（Prahran）、里士满（Richmond）、科林伍德（Collingwood）等周边地区先后成立市政当局,这些市政当局的成立为墨尔本都市区的发展奠定了行政制度基础。

对于城市建设来说,金矿开采引发了大规模的城市改良计划。其中最重要的行动之一,是 1849 年《墨尔本法》(*Melbourne Act*)获得通过,并于 1850 年颁布实施。《墨尔本法》是参照伦敦和悉尼的相关法案制定的城市建设法,其中规定了三种主要建筑形式——住宅、仓储和公共建筑的建造标准,法案同时规定,更详细的建筑设计规范由各地方议会根据该法案编制具体实施办法。

《墨尔本法》主要是适用于城市核心区的建筑设计与建筑保护,其中包含了一系列规范创新,其内容不仅涉及消防和安全规范,而且涉及邻里阳光和空气权利、居住者的健康和舒适需求、室内照明和通风要求,以及建筑物的外观和高度等各项规定。

有了充足的资金以后,墨尔本的城市中心区开始迅速发展起来。到 1852 年底,新的立法院、政府大楼和各种政府办公机构已经开展了建筑设计计划。1853 年底,维多利亚州立法委员会建立了议会政府两院制,除了建立地方政治制度外,宪法法案还要求规划建设一个两院制议会大厦,这是当时墨尔本最重要的行政建筑。

在大兴土木的同时,对于缺乏休闲活动场所的城市环境,19 世纪 50 年代的墨尔本市民已经有了强烈反应。当时的当权者认为,西方社会的"集体犯罪"活动总是经常在广场上发生,减少广场就意味着减少犯罪。与其他西方城市将广场作为主要的政治、民主、社会活动场所不同,由于没有设计广场,迫于无奈,城市中心区的主要街道开始成为政治辩论、示威游行以及休闲活动的活跃场所。例如,布尔克街和柯

图 4-3　柯林斯街景（20 世纪中期）

林斯街(图 4-3)成为民众举行政治集会的主要地点,东部市场(Eastern Market)也开始变成一个颇受工薪阶层欢迎的自发性公共活动场所,是地方性社会组织和政治联盟举办各种游行示威活动的集合地与出发点。

此外,贫民区概念也适用于解释墨尔本社会、环境发展面临的主要问题,因为CBD 被一圈郊区包围,其中许多地方是破旧的贫民居住区(图 4-4)。贫民区作为城市建成环境中的临时过渡区,经常被城市规划合理地进行假设性规划,规划目标自然是如何接管和重新开发这些地区。从某种意义上说,废除贫民区是当时墨尔本城市

规划的一个重要改革领域,其背后涉及复杂的城市发展矛盾,这一问题也是西方 20 世纪早期城市规划的共同焦点。

图 4-4　墨尔本的低质量住房(20 世纪中期)

虽然墨尔本的贫民区很早就出现了,但直到 1910 年,维多利亚皇家建筑师学会主办的杂志才首次提出贫民区问题。此后的几年里,这一问题开始在澳大利亚其他学术出版物以及城市规划文献中经常出现。1912 年,由议员索利(J. H. Solly)发起,在市立法议会之下成立了贫民区问题特设委员会。墨尔本市政当局的住房委员会也在 1914 年至 1918 年间举行了多次会议,并于 1920 年制定了相应的规划法规,提出贫民区改造的责任主要由地方议会承担。但和其他地方议会一样,墨尔本未能采取实质性的积极行动,在废除贫民区方面进展甚微。

尽管废除贫民区工作进展缓慢,但在建设城市中心区的同时,墨尔本开始注重文化事业建设和公共文化设施发展。1854 年,墨尔本举办了历史上第一次展览活动。次年,通过海运发送展览品,墨尔本耗费大量资金参加了 1855 年在法国巴黎举办的世界工农业和艺术博览会。1880 年,世界博览会首次在墨尔本举办,这是国际展览局举办的第八届世界博览会,也是澳大利亚举办的第二次世界博览会。墨尔本为此建设了专门的展览馆,该建筑是目前世界上仅存的几个重要的 19 世纪展览馆之一,如今已列入联合国世界文化遗产名录。

与展馆一起建设的卡尔顿花园也成为墨尔本北部重要的城市公共空间(图 4-5)。墨尔本世博会从 1880 年 10 月 1 日持续至 1881 年 4 月 30 日,展会期间参观人数高达 150 余万人次。随着展览馆、公共花园的建设,墨尔本开始成为澳大利亚文化艺术的核心,其公共文化设施的设计水平与建设规模甚至可以与殖民地宗主国英国首都伦敦一较高下。

与文化事业一起繁荣发展的是金融业。在 1861 年到 1891 年的三十年间,墨尔本的城市人口翻了两番,大规模的郊区发展助推了土地市场的繁荣。同时,墨尔本开始受益于向维多利亚州、澳大利亚大部分地区提供商贸服务的金融机构的集中入驻。此时,霍都网的土地用途和分配情况发生了巨大变化,各大银行开始占领城市中心区。在 19 世纪 80 年代,澳大利亚几乎所有的国家级银行都在柯林斯街设置了总部

图 4-5　墨尔本世博会展馆与卡尔顿花园

办公大楼(图 4-6)。在这种情况下,原本占领雅拉河北岸的工业用地被迫向雅拉河南岸和更偏僻的城市西部地区转移。

图 4-6　柯林斯街景（19 世纪 80 年代）

　　此外,铁路运输对城市空间发展产生的影响也越来越明显。1862 年,巴特曼山以南的整片土地被指定为煤炭储存区,铁路部门要求为铁路运输预留整个山丘地区,并将火车终点站设在山脚下。虽然墨尔本市议会强烈反对这一做法,认为这是对公园用地的侵占,但议会没有得到政府的支持,土地最终移交给了交通部门,铁路随之被设置在雅拉河北岸,与河流走向基本平行,这对墨尔本城市滨水空间的后续发展产生了深远的负面影响。

　　20 世纪初,因当时无与伦比的城市地位,墨尔本成为澳大利亚联邦政府中央行政部门所在地。在 1901 年至 1927 年,墨尔本是澳大利亚的临时首都,大多数联邦政府机关均设在该市,联邦议会也在墨尔本举行。早在澳大利亚国民讨论成立一个统一的联邦政府的时候,墨尔本和悉尼都积极争取成为新的国家首都,但当时的墨尔本比悉尼更繁华,有更大的竞争优势。因此,在将首都定至堪培拉(Canberra)以前,墨尔本是澳大利亚建国后的第一任首都。

　　即使在今天,联邦政府的一些部门总部依然设在墨尔本。这一时期,墨尔本是整个国家的政治、经济和文化中心,所有与首都功能相关的活动都有利于促进一座城市的快速发展。比较特殊的一点是,墨尔本的首都角色从一开始就是临时性的,一个永久的首都选址一直都在筹备和讨论之中。因此,除了在大型公共建筑,如议会大厦和国家图书馆的建设方面取得了较大进展,联邦政府首都这一角色对墨尔本的城市结构影响并不大。

　　与政治因素相比较,经济和文化功能自始至终都对墨尔本的城市发展发挥着更为重要的作用。作为新国家重要的制造业中心和工商业中心,墨尔本拥有对实业家、企业家来说最大的优势——源源不断的巨大移民流量提供了稳定的劳动力来源,优越的地理位置提供了极为便利的城市腹地与海上运输条件。这两项条件对于任何一个大型企业的发展都至关重要(表 4-1)。

表 4-1　墨尔本所在维多利亚州 20 世纪上半叶工业规模与发展趋势

工业	1903 年从业人员(人)	占比(%)	1921 年从业人员(人)	占比(%)	1948 年从业人员(人)	占比(%)
工程业	13 141	18.0	30 316	21.5	89 771	32.2
服装业	24 232	33.1	35 715	25.4	44 506	16.0
纺织业	2 007	2.7	8 399	6.0	32 745	11.8
食品业	11 716	16.0	18 485	13.1	35 708	12.8
印刷业	6 525	8.9	10 281	7.3	15 674	5.6
木材业	5 760	7.9	13 639	9.7	16 903	6.1

工业	1903 年从业人员（人）	占比（%）	1921 年从业人员（人）	占比（%）	1948 年从业人员（人）	占比（%）
化学业	2 131	2.9	4 431	3.1	11 030	4.0
皮革业	2 333	3.2	4 852	3.5	5 518	2.0
橡胶业	593	0.8	2 657	1.9	4 242	1.5
其他行业	872	1.2	2 367	1.7	10 472	3.8
热、光、电行业	843	1.1	4 115	2.9	3 315	1.2
采矿业	3 076	4.2	5 486	3.9	8 387	3.0
总计	73 229	100	140 743	100	278 271	100

对于海外移民者来说，大量的工业企业意味着更多的就业机会和就业选择，与此同时，这座城市气候宜人，环境优美的郊区还能为工薪阶层提供宽敞、舒适且价格适中的住所。因此，除非发生不可预见的经济危机，否则墨尔本强大的人口吸引力能够吸引越来越多的移民，尤其是就业人口前来定居。

4.1.2　城市扩张与城市规划

经济飞速发展带来的是城市规模的迅速扩张。在快速生长的同时，交通成本上涨、通勤时间增加、土地资源紧张等大城市病也开始在墨尔本逐渐显现。当时，欧洲新兴的城市规划思想认为，建设卫星城，将密集的城市人口与城市功能分散到周边地区，是解决大城市病的一种有效办法。

的确如此，卫星城建设对于欧美国家的一部分大城市能够起到一定的作用。比如英国首都伦敦，其主要问题是人口高度集中在城市中心地区。因此，伦敦城市发展计划的一项主要任务就是找到某种有效方法，使密集定居在城市核心地带的人口能够迁移到更广阔的外围环境中去，从而有效缓解城市中心区的人口和环境压力。

20 世纪 20 年代，在伦敦早期的区域规划中，恩维（Raymond Unwin）等规划师对伦敦应该怎样建设卫星城展开了探讨。在思考城市中心区与卫星城空间结构关系的基础上，大伦敦区域规划委员会在 1929 年开展了大伦敦开放空间规划，其中提出了现在非常有名的"城市绿带""绿化隔离带"等新概念，并规划了环绕伦敦的绿环状开放空间，绿带与绿带地区等开放空间一方面连接了中心城市和卫星城，另一方面在很大程度上阻止了伦敦进一步的无序扩张，二者共同作用，有效缓解了伦敦过度拥挤与不断恶化的环境状况。

1942 年至 1944 年，艾伯克隆比（Patrick Abercrombie）主持编制的《大伦敦规划》（Planning of Greater London）进一步推进了 1929 年大伦敦开放空间规划关于环形绿带的城市规划思想。在半径约 48 公里的规划范围内，艾伯克隆比将大伦敦地区由内向外划分为四重地域圈层：内圈、近郊圈、绿带圈、外圈。其中，内圈是控制工业发展、改造旧城区、降低人口密度的城市核心区；近郊圈是建设优质居住区和健全地方自治社区的地区；绿带圈的规划宽度约 16 公里，以农田和游憩地为主，作为制止城市对外扩展的生态屏障严格控制开发建设；外圈计划建设八个兼具工作和居住功能的新卫星城。

《大伦敦规划》中提出了大伦敦地区整体性的公共开放空间规划内容，即用绿色廊道将内城的公共开放空间与大伦敦边缘地带的开放空间连接起来，以创建系统性的都市开放空间网络，进一步增强伦敦大都市区的开放空间通达度。在当年大伦敦规划的基础上，今天的伦敦已经形成以各类城市公园为主要节点，由城市景观道路、泰晤士河及运河水系、慢行绿道、废弃铁路、自然保护地等各类线性开放空间连接而成的整体性公共空间系统。

需要看到的是，墨尔本的情况与伦敦有所不同，其主要问题不是人口过于集中，而是人口过于分散。作为一座新兴城市，墨尔本源源不断吸引着来自澳大利亚、欧洲，乃至世界各地的移民人口，这些人口大多选择居住在通勤相对便利且住房价格较低的都市近郊地带，这带来了都市区，尤其是郊区的迅速扩张（图 4-7）。

而对于城市中心区来说，虽然有必要疏散一部分人口和城市功能到附近的郊区地带，但城区与郊区的平衡发展至关重要，至少不能放任郊区无限制分散扩大。在墨尔本的建成空间范围内，土地利用程度并不高，包括城市中心区附近仍有大量可观的未开发土地可以容纳新增人口。因此，墨尔本的主要问题不是分散人口，而是要通过填补城市粗放型扩张后留下的大量空地，鼓励建立更紧凑、更集约化和更具平衡性的都市区空间结构。

随着城市激进式的超速发展，维多利亚州议会也意识到，成立城市规划专门委员会控制、引导墨尔本的城市发展已迫在眉睫。因为城市空间的迅速拓展，城市规划的重要作用开始显现出来，制定合理的城市规划方案与空间开发计划，成为确保城市经济社会健康发展的重要支撑，墨尔本在土地利用、贫民区清除、公共空间发展等各个方面都出现了需要制定正确规划决策的强烈需求。

在上述背景下，地方政府着手成立了主要负责开展城市规划工作的墨尔本和大都会工程委员会（Melbourne and Metropolitan Board of Works，简称 MMBW）。但由于权限较小，委员会制定的城市规划方案与城市发展计划往往难以得到落实，对此，在

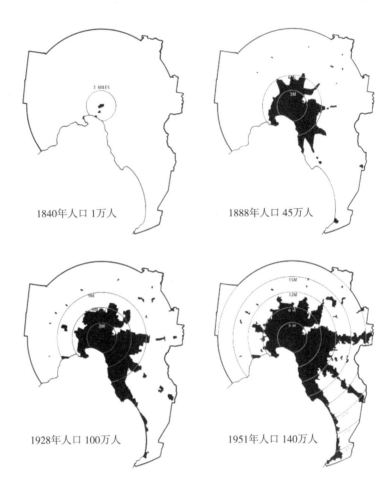

1840年人口 1万人

1888年人口 45万人

1928年人口 100万人

1951年人口 140万人

图 4-7　墨尔本城市扩张趋势

1925 年的工作报告中,委员会主席斯塔普利(Frank Stapley)敦促维多利亚州议会授予委员会更大的规划权。在委员会任职的规划师波里(E. F. Boerie)也指出,维多利亚州政府负责的事务过多,住房与城市规划、公共卫生、电力能源、交通运输,以及大都市区、墨尔本港的公共交通、水务系统多由州政府的一些专门委员会负责,市级委员会仅限于基本的地方事务,而且其所管辖的地区也比同类型海外城市要小得多。

在英国和美国,上述大部分事务主要是由市政府负责。墨尔本的城市规划师们已经意识到,城市性质和城市发展问题不能由州政府在行政和财政权力支配下进行非专业化处理。因此,委员会在 1929 年的报告中讨论了联合多方机构成立城市规划专门委员会的可能性。为提高城市规划决策能力,委员会甚至还提出制定立法,设立一个由规划专家组成的城市规划专门机构的建议。由于涉及国家和地方权力的分配问题,这一建议没有取得实质性进展。对于墨尔本而言,这一结果导致的直接问题是速生城市出现了城市发展模式的决策困难。

　　本着对城市发展负责的态度,墨尔本和大都会工程委员会在 1929 年向州政府和地方当局提交了经过精心研究的城市规划报告。但当委员会被赋予进一步为墨尔本制定具体城市规划方案的职责时,墨尔本都市区内的各个市镇却相对独立,各自有权为本市镇或与邻近市镇联合制定城市规划方案,由于难以协调众多地方市镇之间的土地权利关系,维多利亚州政府无法采取有力行动落实委员会经过认真调查和周详考虑的规划建议,广大郊区地带的自由蔓延和无限制的快速生长引发了墨尔本一系列的空间发展矛盾。

4.2　郊区化与公共空间拓展

　　自建市之初,墨尔本就与其他城市一样,不同程度地存在着居住条件拥挤、生活环境肮脏的现象。直到 19 世纪末,公共卫生意识不断发展,现代文明城市的社会良知才被唤起。到 20 世纪初,澳大利亚联邦和地方政府才在一定程度上接受了改善公共卫生环境的基本责任,开始考虑为经济贫困的城市居民提供适当的居住环境。

　　随着郊区的大力扩建,墨尔本开始蔓延到原计划郊区之外更远的地区,城市外围逐渐深入到农村地带(图 4-8)。选择卫星城模式还是摊大饼模式? 这成为城市发展需要做出的重要规划决策。当时,地方政府和当权者不仅没有充分意识到对郊区增长进行适当控制和管理的必要性,也没有考虑到可以通过公共开放空间规划为墨尔

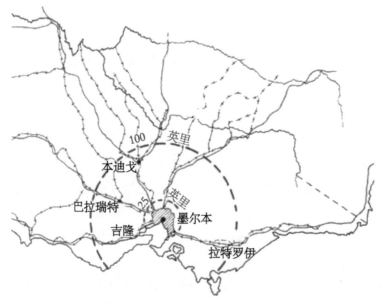

图 4-8　墨尔本都市区规模

本不受限制的城市扩张带来秩序。与伦敦一样,直到 20 世纪 20 年代,地方政府才试图为广大郊区地带的城市居民提供更优质的居住环境。

20 世纪中期,墨尔本已经拥有近 150 万的人口规模,而且城市人口仍在快速增长,并且没有任何迹象表明这种增长速度会停止或者放缓。澳大利亚地广人稀,城市数量不仅稀少,还主要集中在狭长的东南沿海地带,除此以外,其大多数国土并不适合人类开展经济社会活动。因此,澳大利亚的城市人口比例比世界上大多数国家都要高得多。20 世纪 50 年代的维多利亚州,仅墨尔本一地近 150 万的城市人口就占到了该州总人口的 60%。

调查数据显示,当时有近 60% 的就业人口居住在墨尔本近郊地区(图 4-9),大多数居民希望能够住在离工作地点 30 分钟的路程之内。随着城市向外扩展,工薪阶层的产业工人越来越难以支付在工作地点附近购买住房。从公平正义的角度看,城市在什么意义上才是平等的? 虽然这个问题难以回答,但是,考察居民工作地与居住地的不同关系能够获得城市空间公平发展的几个理由。

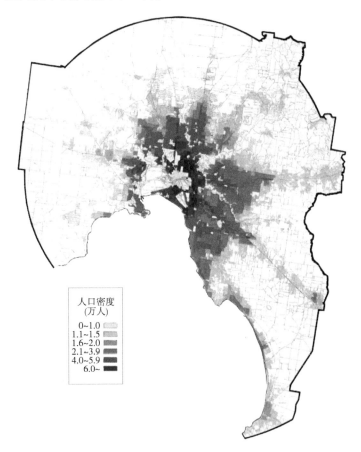

图 4-9　墨尔本都市区人口密度特点（20 世纪中期）

第一个理由是,城市中某些人(阶层)获得了充裕的土地和住房供给,而其他一些人(阶层)则无法达到相同的水平。一部分居民迫切的基本需求难以得到满足,而另一部分人不是很迫切却远远超过人均标准的需求则获得了绰绰有余的供给,这就造成城市土地资源的不平等分配,城市发展需要思考的是,除非存在资源严重匮乏的问题,否则所有居民的基本需要都应该得到满足。

第二个理由是,改变资源分配的不平等状态,协调社会结构的不均衡状态,是为了防止城市中的一部分人(阶层)控制、主宰、支配另一部分人(阶层)。当两者之间基本资源(如土地资源)的不平等状态达到某种水平时,强势的一方就会从这种资源或在这种资源的基础上摄取政治、经济、文化等方方面面的其他优势资源。这种力量将允许一部分人(社会阶层)进一步制定使其能够在整个社会结构中牢牢占有统治地位的游戏规则(制度规范),这就会使城市中的人与人、阶层与阶层陷入统治与被统治、控制与被控制、支配与被支配的泥潭,从而加剧城市社会两极分化的趋势,影响城市公平正义的发展。

第三个理由是,资源不平等和社会不平等是紧密联系在一起的,资源不平等会造成一部分人对另一部分人逆来顺受、卑躬屈膝,掌握资源的一部分人则欲望无限、狂傲自大,这种状态下,腐败、行贿、受贿行为都将愈加频繁,这会导致社会关系畸形发展,助长城市黑暗势力,让城市与公平正义渐行渐远。

因此,墨尔本面对的主要城市规划议题是怎样合理发展近郊地区,如何更公平地分配土地资源,使近郊地区的居住条件和生活条件得到明显改善,使所有城市居民都能够得到尽可能平等的共同发展机会,这是关乎城市正义的严肃问题。

4.2.1　都市公园系统规划

墨尔本不受控制的人口增长导致了一种郊区肆意蔓延的发展势态。与许多欧洲大城市相比较,墨尔本的人口密度一直较低。即使在霍都网这样的城市中心地带,其人口密度仍相对较低。当时的大多数人认为,城市发展不应该超过一定的规模,而墨尔本已经大大超过了当初可预想的规模。解决大城市病的办法之一,是将一部分经济社会活动分散到周边的卫星城。

从墨尔本 1929 年的城市规划方案来看,当时并没有为改变既有城镇发展模式展开研究。虽然卫星城建设具有积极意义,但卫星城模式并不一定是墨尔本的正确选择,即使决定实施卫星城发展模式,在具体操作中也会受到极大的阻碍,因为经济机遇意味着财富的增加,大量的实业家、企业主不会无条件地跟随规划的指引,带着丰厚的资产向毫无优势的卫星城迁移。

当时,墨尔本是世界上最年轻的城市之一。然而,彼时的墨尔本已经拥有种类繁多、影响深远的城市功能。首先,作为维多利亚州的首府,墨尔本是该州的行政中心,并且设有很多联邦政府职能部门。在商业和文化方面,这座城市在英联邦范围内已经具有了广泛的文化影响力。作为一个制造业中心,当时的墨尔本在产业发展方面的实力可以与世界上产业化程度最高的其他工业城市相提并论。在地理位置方面,墨尔本也是澳大利亚全球贸易的重要节点。

从城市美学方面来看,虽然这个迅速发展的城市,其选址地点没有什么独具特色的自然风景,但河流与海湾的自然优势,以及平缓起伏的地形地貌仍具有较鲜明的环境识别性。为了弥补与其他城市相比较所缺乏的景观要素,霍都结合人工与自然,将城市形态概念确定为一个长方形的平面图,周围由大片的公园环绕,合理的空间布局和对地形的灵活利用在很大程度上弥补了墨尔本自然风景的不足。

与大多数传统城市不同,通过人工规划,墨尔本在较短的时间内形成极具优雅气质的现代城市景观。虽然无法与悉尼优美曲折的城市海岸线相提并论,但从更广阔的城市空间格局来看,墨尔本城市中心以宽阔的街道为特色,周围有经过精心规划的城市公园,再往外则是令人身心愉悦的郊区居住环境,在居民容易到达的更远范围内,城市向南延伸到迷人的海湾,向东则是树木繁茂的优雅山脉。

有了自然资源和社会财富,这座城市的发展自然如虎添翼,城市功能也变得更加多样化,在很短的时间里,城市发展就远远超出了最初的城市规划设想。在新的日常生活的每一个领域,制订满足一段时间内的发展计划十分迫切。在当时那样的发展阶段,进行城市规划研究的益处显而易见,墨尔本的确有必要对发展情况进行一次阶段性总结,寻找问题并及时发现哪些问题是可以补救的。

古往今来,建筑师、规划师和工程师们联合起来,创造出了无数独具特色的城市,这些城市至今仍然赏心悦目,而且基本能够满足为预想人类社会发展所设计的特定功能。然而,在现代社会,有几个重要因素使城市增长变得更加复杂。首先是蒸汽动力的发展和由此带来的大规模工业扩张,不仅改变了许多城镇的传统面貌,而且改变了许多城市的本质特征。其次,现代文明的出现改变了人的价值观,人们产生了拥有生活、工作、娱乐和文化设施的一系列新需求,这些巨大变化带来的影响意味着城市规划需要全新的研究视角与规划方法。

以上问题也对墨尔本产生了深刻而具体的影响。以工业为例,它对墨尔本的早期发展至关重要,但并不意味着永远同样重要,至少对于城市中心区而言,工业的重要地位已经开始发生改变。显而易见的是,在城市中心地带,工业用地比例过高,受地价上涨等因素影响,许多制造商开始计划寻找其他地方扩大和建设新工厂(图4-10)。他们会选择哪里? 在当时没有明确的答案,也没有政府部门或研究机构给出指示或指导。因此,当时企业主做出新的厂址选择是一种权宜之计,大家都认为,只要有土地就必须抢占和开发,没有人考虑对于城市发展而言,选择的地块是否处在一个合适的地理位置。

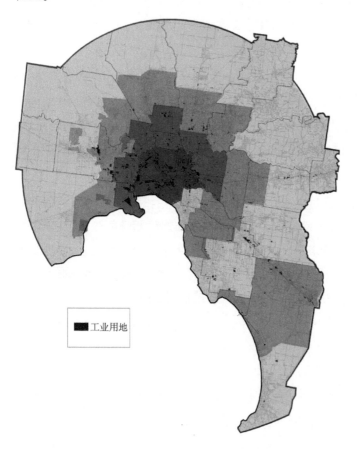

图4-10　墨尔本工业用地分布(20世纪中期)

　　在城市中,一座工厂不是孤立的存在,它的正常运转需要依赖电力,需要依靠原材料,需要依赖劳动力,也需要依赖交通系统等各个方面的协同规划。同时,工厂的生产运转不仅会产生相应的环境污染问题,还会触及和影响城市经济社会生活的方方面面。如果要获得最令人满意的结果,做出规划协调是必不可少的环节。

　　墨尔本对此没有做出充分准备,权宜之计的工业搬迁对城市空间结构、城市经济发展影响深远。工业搬迁的历史情况也适用于彼时的其他经济社会活动,如住房、商业、娱乐、教育等功能的发展。它们对城市各个方面都有着千丝万缕的影响。另外,墨尔本不能也不应该被单独看待,它的定位和在各个方面的地位,都取决于这座城市在维多利亚州和整个澳大利亚的优势条件。

　　墨尔本的早期发展很大程度上要归功于多年来,这座城市一直是按照一个一个明确的城市规划方案建设起来的,只是最初的规划概念主要体现在城市中心区,当时的城市规模、规划构想与迅速崛起后的墨尔本不可同日而语。随着都市化进程的发展,这座城市早已扩展到霍都所能设想的空间范围之外了(图4-11)。对此,墨尔本需要有新的规划策略来发挥科学引导和控制作用。

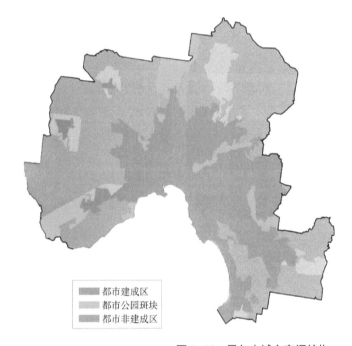

图 4-11　墨尔本城乡空间结构

　　小到一个住宅规划,需要知道有多少人可能住在里面,以及他们需要哪些舒适和方便的空间功能;大到一个工厂规划,需要考虑如何容纳员工、厂房和设备,使其作为一个有效的结构单元发挥作用。在以上两种情况下,如果需要额外的功能,规划师就需要设想如何扩大面积和怎样调整空间布局。

　　这种情况同样适用于城市规划,人们在一个城市里共同生活和工作,如果他们要得到适当的安置,就必须对城市空间发展有一些明确概念,确定每一块土地的用途,并在各种城市功能之间科学分配土地资源,这是规划需要解决的核心问题;如果要在分配与需求之间达成合理的比例,就需要制定相应的规则和准则。

　　当时一部分人认为,墨尔本的发展不应该超过一定的规模,而现实情况是,墨尔本已经大大超过最初可设想的规模。考虑试图限制城市发展的规划方案也许是可取的方法，但没有人能够找到一种有效的方法来阻止越来越多的人进入墨尔本，只要能够提供就业机会、住房机会、社会交往机会，以及能够享受其他城市无法获得的生活便利和生活乐趣，墨尔本就会继续吸引外部移民纷至沓来。

即使限制墨尔本的城市发展是可行的，那么谁能决定什么是最适合的规模？ 什么时候应该控制发展？ 这些问题不是单纯的城市规划所能解决的时代议题，因为这涉及社会、经济发展甚至是国家政策等一系列重大问题。还有一部分人认为，墨尔本应当尊重城市本来的发展状态，城市规划需要做的是努力解决实际问题，使过去的错误不再重演。因此，与强行控制规模相比，建设有吸引力的城市环境，鼓励和引导城市有序发展更为重要。

在上述背景下，墨尔本都市区城市规划委员会在 1929 年制定的《墨尔本总体发展规划》中强调了居住环境、公共开放空间与城市规划之间的关系，并对公共空间资源做了调研分析，进而第一次明确提出了现代意义上的城市公园系统建设方案（图 4-12）。

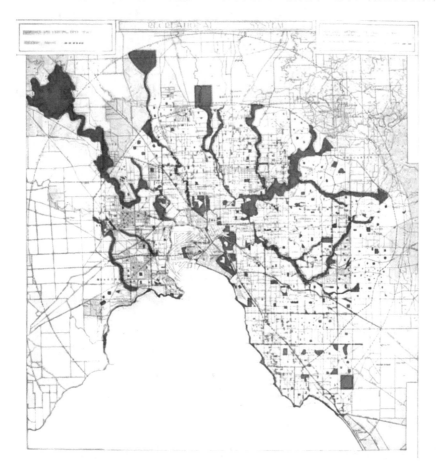

图 4-12　墨尔本公园系统规划（1929 年）

　　由于没有进行充分的预先规划,墨尔本的许多郊区地带难以为市民提供足够的休憩游乐场地。尽管如此,梳理自然形态特征和过去的发展基础,委员会认为,墨尔本仍然能够以相对较小的成本建立一个结构性的城市公园系统,城市规划可以根据各条河流的位置和都市区的道路结构做出富有价值的公共空间规划方案。

　　其中,作为公园系统的本底基础,各类景观道路(林荫大道)可以增加城市公园的使用频率,并能够提供一种其他一般性城市道路不具备的康乐活动功能。在都市区内部,城市建成空间被连绵不断的滨水绿地、大型公园包围,委员会认为这是对引导城市发展有利的空间结构体系,这些公园被称为都市公园(Metropolitan Parks)(图4-13)。如果将林荫大道作为网络连接线,墨尔本能够构筑起一个颇为宏伟的都市公园系统,给所有市民带来持久的环境利益。

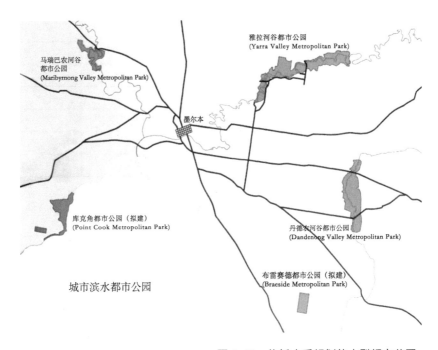

图4-13　依托水系规划的大型都市公园

　　为配合开展都市公园系统建设工作,委员会在城市公共空间规划方案中融入了一系列土地购买与利用政策。因为要想获得足够的公园面积,最重要的先行步骤是购买土地。《墨尔本总体发展规划》详细列出了购置公园的面积、费用及发展预测(表4-2、表4-3):根据规划方案,当时需要购买的公园用地总面积约17 523英亩,估计的资金投入需要1 030 500英镑。大部分新增公园用地需要通过谈判、强制性收购或法律仲裁等各种形式从土地所有者手上获得。虽然购买这些土地所需费用极高,但土地的回收与重新分配将给墨尔本居民带来更平等的公共空间利益。

表 4-2　城市公园系统规划内容、面积与土地成本

公园及公园道路名称	面积(英亩)	估算土地成本(英镑)
Yarra River and Plenty River	2 052	190 820
Maribyrnong Valley	7 697	280 000
Rose Creek	168	10 080
Gardiner's Creek Valley	656	108 220
Parkway to Wattle Park	64	160 00
Scotchman's Creek	81	6 480
Koonung Koonung Creek	876	76 020
Bushy Creek	40	4 000
Darebin Creek	745	49 260
Merri Creek	1 645	125 650
Edgar's Creek	203	13 460
Moonee Ponds Creek	1 887	79 630
Kororoit Creek	748	26 230
Stony Creek	197	9 850
Moorabbin Shire	464	34 800
总计	17 523	1 030 500

表 4-3　城市公园系统年均增长规模

年份	人口数量(人)	人口年增长率(%)	年均人口增长所需新增公园面积(英亩)	需筹集的土地购买资金(英镑)
1929	1 034 546	3	150	55 480
1930	1 665 582	3	155	55 967
1931	1 097 549	3	159	56 456
1932	1 130 475	3	164	56 951
1933	1 164 389	3	169	57 450
1934	1 199 321	3	174	57 953
1935	1 235 301	3	179	58 460
1936	1 272 360	3	185	58 972
1937	1 310 531	3	191	59 488
1938	1 349 847	3	196	60 009
1939	1 390 342	3	202	60 534
1940	1 432 052	3	208	61 064

续表

年份	人口数量(人)	人口年增长率(%)	年均人口增长所需新增公园面积(英亩)	需筹集的土地购买资金(英镑)
1941	147 504	3	214	61 599
1942	1 519 264	3	221	62 138
1943	1 564 842	3	228	62 682
1944	1 611 787	3	235	63 231
1945	1 660 141	3	241	63 784
1946	1 709 945	3	249	64 342
1947	1 761 243	3	256	64 906
1948	1 814 080	3	264	65 474
1949	1 868 502	3	272	66 047
1950	1 924 557	3	280	66 625
1951	1 982 294	3	288	67 208
1952	2 041 763	3	297	67 797
1953	2 097 911	2.75	281	68 390
1954	2 155 603	2.75	288	68 989
1955	2 214 882	2.75	296	69 593
1956	2 275 791	2.75	304	70 202
1957	2 338 375	2.75	313	70 817
1958	2 402 680	2.75	322	71 437
1959	2 468 753	2.75	330	72 062
1960	2 536 643	2.75	339	72 693
1961	2 601 059	2.5	317	73 329
1962	2 666 085	2.5	325	73 971
1963	2 732 737	2.5	333	74 619
1964	2 801 055	2.5	341	75 272
1965	2 871 081	2.5	350	75 931
1966	2 942 858	2.5	359	76 595
1967	3 016 429	2.5	368	77 266
1968	3 076 758	2	302	77 943

　　长期以来,为所有市民提供面积充足、位置恰当的公共空间一直是城市规划的一个难题。很显然,规划一个结构合理的城市公共空间系统能为市民带来诸多好处,如果建设这样一个空间系统的土地收购成本较低,那么,不管对于墨尔本市政府还是广大公众来说,都是令人满意的规划决策。为平衡财政问题,实现土地利用目标,当时制定的主要策略有以下几个方面。

一是委员会计划建设的大型公园纳入了大量不适合城市开发的土地,这些土地可以通过较低的价格购买获得。这些计划用于都市公园建设的土地多位于滨水低洼地带,容易被洪水淹没,一般不适用于房地产开发。在 1929 年的规划方案中,墨尔本将都市区的大部分此类土地纳入了公园系统的建设范畴。

二是确定大型城市公园内的部分空间将被政府预留作为公众康乐用途。委员会规定,这些位于都市公园内部,用于提供公共活动功能的土地可以通过贷款购买,贷款偿还期可按政府每年对公园建设投入的资金比例分为若干年,以降低政府征收土地的资金压力。

三是为了进一步减轻财政压力,规划明确提出,政府有权将都市公园的部分土地出租,可适度用于农业或园艺经营,从而确保各大公园每年能够向地方市政当局返还一笔用于偿还贷款的盈利性收入。与此同时,政府获得场地出租使用权的所得收入还能够分担一部分公园的绿化发展计划和日常维护费用。

四是由于邻近公园的生态环境质量较好,周边房地产价格一般相对较高,不动产价值因此而获得增值的社区也被规定需要缴纳一定的公益资金,协助公园填补日常维护费用。此外,一些具有特殊经营业务的开放空间,如赛马场、板球场、足球场的建设资金主要由政府部门提供,拥有这些场地使用权的俱乐部在赛事运营、入场费以及会员费等各个方面能够获得可观的收入。因此,这些俱乐部也需要上缴一定比例的收入用于支付公园日常维护费用。

结合上述政策,墨尔本当局收回的大量土地能够为城市提供一个优秀的都市公园系统,这些土地可以通过改造逐步适应各种形式的公共活动需求。例如,当时为流经城市的最长河流雅拉河制订了公园及林荫大道改善计划,规划方案分别在教堂街的亚历山德拉(Alexandra)和巴特曼(Batman)大道东端展开,滨水开放空间向外部河谷地带延伸、拓展,这些地带大多位于都市区外围,富饶的雅拉河谷为扩大公园规模和建立自然保护区提供了机会(图 4-14)。

图 4-14　墨尔本雅拉河谷今昔对比

与雅拉河公园一起规划的还有马瑞巴农河谷(Maribyrnong Valley)、加德纳河谷(Gardiner Creek Valley)、库诺库诺溪公园(Koonung Koonung Creek)、达尔滨溪公园(Darebin Creek)等众多大型开放空间。除了上述都市公园,委员会还对社区公园做了专门规划,这些中等规模的社区公园广泛分布在整个大都会地区,总面积高达2 851英亩。社区公园一般地处城市郊区地带,用地分配较为自由,并且土地价格也相对便宜。此外,在人口比较密集的近郊地区,出于实际建设条件和投入成本的考虑,开放空间规划以提供小面积的儿童游乐场等公共活动场地为主。这些公园系统中的林荫大道、都市公园、自然保护区、社区公园以及中小尺度的各类公共活动场地连接了城市中的河流与社区,共同组成大墨尔本地区城市公共空间的网络基础。

4.2.2　郊区住宅、社区花园与健康生活

在墨尔本郊区,许多低收入阶层早期建设的简易住房都建在相对较小的地块上,建筑面积往往达不到当时的最低住房标准,而且不少住宅已经达到或正在接近使用寿命,这就产生了郊区住宅更新换代的问题。回购土地以及随后的合并和重新划分用地能够较好地解决这一问题,但这种操作的难度很大。与此同时,很多郊区的街道格局也无法提供便捷的交通服务。一般来说,以现在的标准判断,这些地区缺乏公共服务设施。由于房屋状况较差,土地价值不高,工业和其他非住宅用途逐渐侵入墨尔本近郊(图4-15),这导致许多地方社区呈现出用地功能混乱的空间发展状态。

图 4-15　工业建筑入侵住宅区

1949 年,在负责制定墨尔本都市区新的城市规划方案时,墨尔本和大都会工程委员会发现了一个关键性问题,即墨尔本的广大郊区到底需要什么样的发展模式。诸多现象表明,墨尔本的城市发展没有想象中那么健康,这座城市已经表现出令人不安的亚健康症状,医生需要做的是对症下药,尽量使其恢复健康。委员会相当于医生,它的任务是研究墨尔本的城市病症,诊断并找到适当的补救办法。在科学诊断并确定故障原因后,城市规划的最终职责是找到解决问题的方法。

在地广人稀的澳大利亚,国家层面的政策导向一直都是鼓励移民和促进人口快速增长,墨尔本源源不断地吸引外来移民,这符合国家意志和长远利益。从另一个角度看,尽管联邦政府鼓励移民分散到全国各地,但除非采取远比过去更为严厉的措施,否则墨尔本将继续获得全国人口增长的很大一部分比例。因此,墨尔本的城市规划职责更多地涉及城市人口和经济增长的管理,而不是城市可能达到的最终规模。未来是未知的,对遥远的未来做出规划设定很难,什么是合理的规划,这需要根据不同历史时期的时代主题而定。

在城市空间方面,随着城市发展侵占的土地越来越多,外部新问题不断产生,内部旧问题日益突出。因此,不仅管理城市人口很重要,同样重要的是,决定城市用地应该被允许扩张到哪些区域。除非合理控制城市向外扩张的速度与规模,否则,市民认为自己有权享有对日常生活便利设施的需求可能会超出城市规划的控制能力。

一般来说,出现郊区化蔓延现象的主要原因是在澳大利亚,特别是墨尔本,人们有着对私人空间和公共空间的双重强烈需求。在公共花园附近安置带有私家花园的独栋住宅,这是大多数墨尔本人的理想居住模式(图 4-16)。要同时满足这两个条件,就需要很大的宅基地面积和公共空间用地,因此,墨尔本的郊区住宅大多有相对较宽的临街界面。在一般的居住区,住宅建筑面宽通常约 50 英尺,街道通常有 60 英尺宽,这是受到地方政府鼓励的住宅开发尺度。

以上两个方面,宽敞的私有住宅、宽阔的社区街道,外加开放的公共花园,是墨尔本郊区迅速扩大的主要原因。城市规划很难改变这种公认的、具有澳大利亚特色的住区发展模式。事实上,试图通过城市用地规划调整这种空间结构也已经太迟了,因为在已经建成的住宅区中,大量私有土地不可能轻易地被征收。

在郊区迅速蔓延的土地利用模式与住区发展模式,增加了地方政府在城市管理、公共服务等各个方面的人力以及财政负担。除非对不受限制的城市扩张趋势实行有效管控,否则提供水、电、煤气等市政设施和上门服务、清除垃圾、投递邮件等一系列人工服务费用都会越来越高,这些费用都源自墨尔本的每一位纳税人。简而言之,就是这些为城市居民提供便利设施的费用会给城市居民自身带来难以忍受的税务负

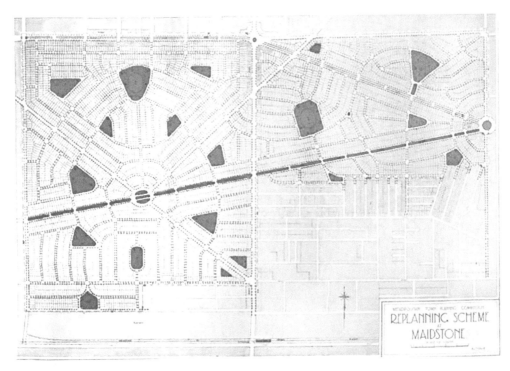

图 4-16　墨尔本 Maidstone 郊区规划（1929 年）

担。因此，墨尔本已经走到必须控制郊区无限发展的新时代。那么，郊区应该有多大？ 大都市规划区的法定边界是一个行政概念的城市边界，其直接目的是提供一个明确的行政管辖区域，但这种边界并不能很科学地界定城市的未来范围。

1954 年，经过研究，墨尔本和大都会工程委员会在规划报告中划定了 17 万英亩的城市开发区域，明确了城市建设用地范围（图 4-17）。按照当时的人口密度标准，这么大的用地范围能够容纳 200 万人居住、工作和生活。根据测算，200 万的人口规模在 25 至 30 年内可以达到。在当时的澳大利亚，一个拥有 200 万人口的城市已经足够庞大了，既然规划出的用地边界能够为城市扩张提供足够的空间，那么 25 到 30 年也是一个合理的规划期限。

委员会认为，在城市人口达到 200 万时，应该在许多年后，到时再考虑计划范围以外的用地问题也不迟。如果决定建设卫星城，也应该是在城市可利用土地变得稀缺之时。因为只有这样，才能使民众、企业和商人有机会行使他们的选择权，让城市居民自由选择，而不是让被迫迁出大都市的低收入人群成为卫星城的主要居住者。

几个世纪以来，欧洲较大型的中心城市受现代城市化进程的影响，城市与郊区已经逐渐融合成一个体量很大的实体空间，伦敦就是一个典型案例。18 世纪以前，现

图 4-17　墨尔本城市规划分区（1954 年）

在被称为伦敦的大部分地区都是开阔的乡村地带,其中有分散的乡镇和村庄,城市逐渐扩大最后合并众多乡镇,这些乡镇在现代大都市的影响之下逐渐失去了它们的原有特性。今天,在大伦敦地区,金融、商业、工业等重要的城市功能还是相对分开的,伦敦城依然是商业和贸易中心,西区则是主要的购物区,工业在这些区域之外还有属于自己的相应位置。很难想象,如果商业贸易、日常购物等各种各样的城市功能混杂交织在一起,并且与工业企业共同集中在市中心及其周围,那么伦敦这个繁忙的世界型城市今天会是什么样的情形。

　在涉及居民利益的各项问题中,住房和公共花园最为普通市民所关注,因为这是他们开展日常生活的中心。但是,仅仅建造结构合理的房屋和提供大面积的公共花园仍不足以创造高质量的生活条件,它们的设计和位置还必须考虑到健康、方便和舒适因素,并适当考虑未来社会生活的潜在需求。如果住宅和花园布局得比较合理,需要建在环境宜人的健康场地上,需要控制在工作距离、日常生活的合理范围内,并能够提供良好的交通、卫生和其他公用设施,城市规划有责任为居民提供满足这些条件的城市环境。

值得一提的时代背景是,整个澳大利亚,二战期间没有房屋受到破坏,也没有造成严重的住房短缺。幸运的是,该国没有受到敌对行为的影响。与被战争摧毁了数十万所房屋的许多欧洲城市相比较,墨尔本不存在战后重建问题。因此,城市规划的主要职责是在最合适的地方保留足够的土地面积,在适当的条件下合理容纳可能增加的人口,并制定建设规范,鼓励适合的空间开发模式。城市规划应该预留的公共空间面积不仅取决于住区人口数量,还取决于人们住得有多近,以及他们希望居住的条件、想要和能负担得起的住房类型,以及能够获得他们普遍认可的用地划分方式(图4-18)。

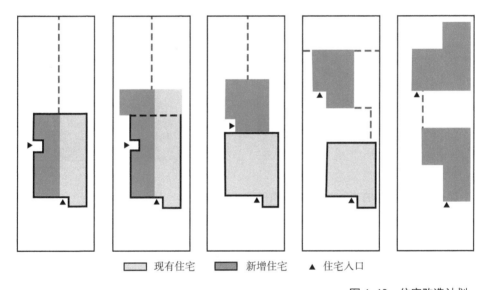

现有住宅   新增住宅   ▲ 住宅入口

图 4-18   住宅改造计划

在花园选址时,不仅要考虑环境因素,以便将那些最令人愉快的环境分配给公共空间,而且还必须关注公共空间为居民提供服务的成本,了解居民如何使用公用服务设施。与此同时,还应尽量减少人口分散的住区用地布局模式,改善居住地与工作地分离的不利因素。除了考虑以上这些问题,还需要适当考虑到,在几十年的发展趋势中,不同类型的公共空间在各个地区的受欢迎程度。由于住宅与公共花园的紧密关系,城市规划要考虑构成社区基础的住宅类型需求,兼顾不同地块的具体设计要求,因为这些将影响土地分割和再开发等一系列连锁问题,并最终影响城市居民生活的亲密程度。

在墨尔本,主要的居住类型有四种形式(图4-19)。一是建在私有土地上的独立一层或两层式的家庭住宅。此类住宅的占地面积通常约为六分之一英亩,无论是自住还是出租,这是在墨尔本最受欢迎的住宅类型,因为它是大多数家庭的理想选择。

独立式 　组合式

半独立式 　单元式

图4-19　墨尔本的四种主要住宅建筑形式

二是半独立式住宅。此类住宅往往是两栋房屋连接在一起。与独立住宅不同,连接前后花园的通道只能设置在房子单侧。这种类型在墨尔本并不常见,只有少数例子,但此类住宅可改造成现代化的别墅公寓,能够提供令人愉快和满意的生活空间。

三是三套或更多公寓连接在一起的组合式住宅。墨尔本近郊有许多此类住宅开发的经典案例。这类建筑是遵守地方规章制度建造的历史产物,虽然会造成一定程度的拥挤和不便,但从建筑文化的角度来说不应被拆毁。在其他国家,20世纪中后期建设的这种住宅也有很多,此类住宅密度相对较高,比别墅节约土地资源,是适合在城市近郊地带大规模开发的一种居住模式。

四是一般类型的单元式住宅。该类型住宅通常为三至四层,通过公共楼梯进入各家各户。尽管此类住宅一般没有专属私家花园,但现代设计理念仍为其提供了布局良好、精心设计的公共空间和社区环境。在单元式住宅中,一定数量的家庭在一个相对较小但拥有良好公共环境的区域内共同生活,邻里关系较为亲密。

无论提供哪种类型的住房,规划方案都必须顺应和满足公众口味。如果不这样做,上市出售的住宅很难受到市场欢迎,住宅的资产价值及所能获得的租金收益也都会随之大打折扣。并且,一旦房地产市场衰落了,不受欢迎的住宅的价值很容易下降到贫民区水平。

当时的墨尔本,约有 90% 的家庭居住在独立住宅中,其中又有约 50% 的住宅用地归居住者所有。不得不承认,拥有一处独立住宅这一观念在墨尔本人心中根深蒂固,是城市居民的普遍梦想。可以想见,任何规划,如果将某种生活形式强加给居民,无论规划意图是什么,理由多么充分,都难以顺利实施。

与独立住宅相比,墨尔本居住在公寓里的人口比例非常低,但考虑到用地越来越紧张,公寓开发需要受到鼓励。从另一个角度看,一个均衡的规划方案也需要为社区所有阶层提供相对满意的住房。

1954 年,墨尔本和大都会工程委员会开展的城市规划调研对住房问题进行了全面调查,以掌握都市区的真实状况,了解居住问题对城市规划可能产生的影响。这项调查的详细程度可从当时调查报告记录的工作细节中看出来。这些调查内容揭示了一系列关乎城市科学发展的重大问题,其中的主要问题可归纳如下。

①城市无序的低密度发展大大增加了政府提供公用服务的成本,也显著增加了居民在城市内部通勤的交通时间。

②由于住宅设计标准较低,以及受到工业和其他非住宅用途的侵占,相比远郊地带,都市近郊地区的住宅数量正在迅速减少。

③工业用地扩张及其新址选择使居住地和工作地的不平衡分布情况得到一定的缓解,需要对工业用地进行进一步的规划管控。

④城市中心区内部和邻近地区的公共服务功能越来越集中,造成的空间拥挤问题日益严重。

⑤都市区内的居民和货物流动越来越困难,部分原因是人口的增加,但更多是由于机动车数量的快速增长。

⑥城市发展难以在方便的距离内为学校、医院等公共服务设施争取到与之规模相匹配的用地空间。

⑦城市发展缺乏足够的社区公园、运动场地和其他公共空间来满足郊区日益增长的人口对户外休闲活动的强烈需求。

⑧城市建设需要加强保护平民生命及其财产免受战争、空袭的影响。

上述问题的重要性在很大程度上决定了当时制订城市发展计划所遵循的基本规划导向，即：

①限制城市规模拓展，控制无节制的郊区蔓延。

②在城市内部根据不同社区的相应特点开展空间分区规划。

③将中央商业区的工业和部分其他功能分散至郊区。

④为安全、迅速和不间断地提高运输能力提供一个完整的都市区主干道和二级道路系统，大幅提高道路交通容量。

⑤预留足够的储备性土地资源，以满足学校、医院、购物中心、公园等城市公共空间、公共设施未来发展的需求。

⑥建设市民进行社会文化生活所需的大型公共工程，优化现有城市结构，提供更合理的土地利用方式和空间开发模式。

在墨尔本，户外放松和休闲锻炼是城市生活的重要组成部分，为这些设施提供足够的空间也是城市规划的重要责任（图4-20）。热爱户外运动是墨尔本人的固有特点，无论是积极参加体育活动，还是在公园里散步、骑马、骑自行车、游泳，墨尔本人的许多休闲时间都是在户外度过的。当时的调查揭示了户外公共空间的重要性，规划资料显示，即使在冬季的周六，每三个14岁以上的城市居民中，就有一个人参加或观

图4-20　墨尔本的郊区公共开放空间（20世纪中期）

看某种体育运动。

在夏季，更多的人会乐此不疲地使用各类运动场所、公共空间和滨水海滩。具体有多少儿童使用游乐场，有多少成年人为了娱乐而步行、骑马或骑自行车，或者仅仅是在公共花园里散步，虽然这些具体数字不得而知，但毫无疑问，这个数字是巨大的。因此，保留足够的公共空间，使各个阶层，不论年龄、性别和种族都能尽情享受户外健康生活，是城市发展计划的一项非常重要的社会责任。

虽然墨尔本都市区范围内的公共空间总体来说相对充足，但对公共需求的调查研究表明，当时的情况仍不能满足居民需求。按当时的标准，每 1 000 人至少需要7.5 英亩的公共空间，这其中还不包括高尔夫球场和赛马场等消费性运动场地（墨尔本的大多数高尔夫球场和赛马场归私人俱乐部所有，不属于公共空间）。与其他城市一样，随着城市规模不断发展，这些需要付费的运动俱乐部应该搬迁到土地价值较低的城市郊区，1954 年的规划文件已对此做出了规定。

在考虑户外活动和公共健康需求时，规划提出，墨尔本需要重点发展以下四类公共开放空间。

①观赏性的公共公园和社区花园。其主要目的是为郊区市民提供更多的休闲和放松场所。这些公共空间的维护工作较为繁重，尤其是植物养护需要消耗大量人力成本。但墨尔本人特别为拥有这种类型的公园感到骄傲，它们既为市民提供令人愉悦的休闲服务，也是令外地游客不断感到惊喜的源泉所在。在这方面，墨尔本比世界上大多数城市的基础条件都要好。由于远郊地区预留了大量土地，花园建设较为充足，在当时，最大的需求是与繁忙的购物中心一起建立公共公园，使购物者可以从购物活动中得到短暂的放松。

②用于开展体育运动的开放空间（图 4-21）。在这些运动场所内，不用于体育运动的场地通常种植树木和铺设草地，以提供公园般的环境氛围，这种场地的维护费用不像纯粹的观赏性花园那么高。

③保持自然状态的公共开放空间。此类空间的维护成本相对较低，多可用于步行、骑行和野餐，能够提供介于公共花园和运动场地之间的休闲功能。

④儿童游乐园。虽然此类场地面积较小，但特别必要。提供儿童游乐场是地方社区规划的主要事项之一，但一般规划项目没有为此预留额外用地，这类场地的选址和建设需要地方政府根据责权范围及其财政能力来确定。

上述四个类别的公共空间，无论是单独设置还是复合模式，在整个墨尔本郊区都没有被公平合理地分配给使用者。在城市规划中，墨尔本被划分为大致类似于同心

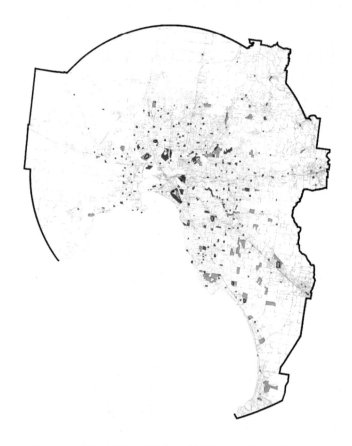

图 4-21　墨尔本都市区公共运动场地分布（1954 年）

圆的环状结构,其中近郊地区公共空间缺乏尤其明显,但在这些地区,以较低的成本提供更多的公共空间极其困难。早期的城市规划者曾有意向在墨尔本周围提供一个连续的公共空间环,而当时的执政者则认为没有必要保留过多公园用地。其实,墨尔本都市近郊地带的开放空间是严重不足的,一些主要公园的使用状态非常拥挤,其中典型的是王子公园,原本规划的 100 英亩的游戏区被压缩到了 56 英亩。

除了公园、花园和专业运动场地外,墨尔本在都市区规划范围内还拥有 47 英里的滨海公共空间(图 4-22),沿着海滨地带有 35 英里长的优质海滩,其中大部分集中在南部海滨郊区。

结合以上资源,1954 年的规划调查认为,对于墨尔本的情况,未来的公共空间供给应大致满足以下标准:

- 观赏和休息公园　　　　　　　　　　　　　2 英亩/1 000 人

- 运动场(不包括高尔夫球场和赛马场)　　　4 英亩/1 000 人

图 4-22 墨尔本滨海郊区 Brighton（20 世纪早期）

• 儿童游乐场   0.5 英亩/1 000 人

根据这一标准，墨尔本和大都会工程委员会针对公共空间发展做出的主要规划策略包括：

①通过城市开放空间的系统规划，推动公共空间在整个都市区范围内呈现更合理的分布状态（图 4-23）。

②都市近郊的一系列大型公园可以根据需要开发成与阿尔伯特公园（Albert Park）类似的游乐区，如通过创造人工湖增加环境吸引力。特别有必要的是，在人口密集的城市西部和西北部，应通过创建有吸引力的公共空间提高该地区的环境吸引力。

③一系列放射状公园主要沿雅拉河流域和各种小溪、水道排布，并连接到较大的都市公园，为郊区市民开展野外运动提供机会。

总体来看，1929 年的公园系统规划为墨尔本建立了宏观的城市开放空间体系，而 1954 年的规划调研和发展计划则深化了墨尔本的城市开放空间结构网络，将其延

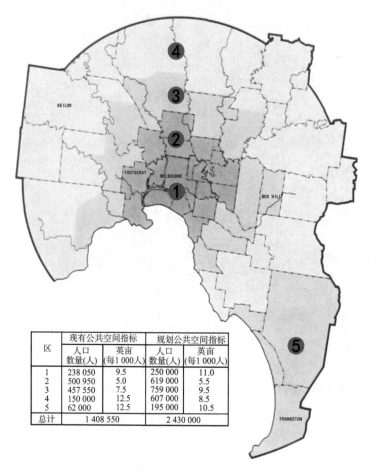

区	现有公共空间指标		规划公共空间指标	
	人口数量(人)	英亩(每1 000人)	人口数量(人)	英亩(每1 000人)
1	238 050	9.5	250 000	11.0
2	500 950	5.0	619 000	5.5
3	457 550	7.5	759 000	9.5
4	150 000	12.5	607 000	8.5
5	62 000	12.5	195 000	10.5
总计	1 408 550		2 430 000	

图 4-23　墨尔本都市区公共空间规划指标（1954 年）

伸到了郊区地带的社区空间体系之中,并进一步优化了大部分公共开放空间的休闲、娱乐、运动功能,为郊区居民提供了更便捷的运动休闲与公共活动支撑(图 4-24)。

4.2.3　地方中心与新公共空间

优质的郊区环境不仅仅能解决居住问题。20 世纪中期,墨尔本的铁路系统已经四通八达,渗透至广大郊区腹地,每个工作日仅弗林德斯街火车站(Flinders Street Station)就源源不断地输送着超过 10 万名乘客,他们在高峰期以每分钟超过 1 000 人的规模从车站里涌出,并在一天工作结束后向车站里汇集。霍都网所有的城市活动都是巨大的交通来源,由于公共活动不断向霍都网集中,城市中心区内部的环境条件逐渐变差也就不足为奇了。

此外,随着人口的增长和汽车的增加,市内容纳更多车辆越来越困难,各大商场

现有公共空间‥‥‥‥‥■
规划公共空间‥‥‥‥‥■

图 4-24　墨尔本都市区公共空间布局规划（1954 年）

生意也因此受到影响。如果这种趋势继续下去，情况会进一步恶化，直至城市经济受到严重影响。对于墨尔本来说，许多问题都源于同一原因——城市功能过度集中在一个面积极其有限的中心地带。

由最初的一个焦点不断向外扩张是大多数城市发展的共性特点，墨尔本也一样。建城之初，城市建设从中心地带开始，随之逐渐向外围扩散，但城市功能仍然不断在最初的中心聚集，形成一个单一的城市功能核。这是因为，将功能核心设置在中心位置有利于商业、购物，以及行政管理的高效发展，与之相比，没有任何一座卫星城可以足够吸引并支撑这么多元的城市功能和公共活动。

在墨尔本城市中心区大约一英里的半径范围内，目光所及几乎都是商业和办公机构，其中许多金融、商业总部的业务范围遍及维多利亚州、澳大利亚，甚至整个英联邦国家和世界各地。环绕在城市中心区之外的则是主要的公共服务设施，如医院、艺术馆、博物馆、图书馆，以及大学、剧院和其他娱乐中心。再向外，广大的居住区则位于距离城市中心区更远的外围地带(图 4-25)。

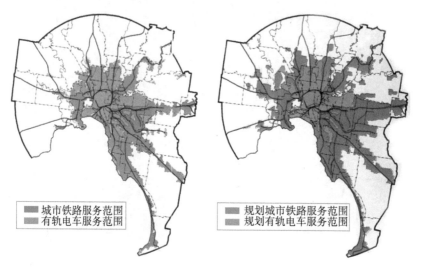

图 4-25　公共交通支撑的郊区化拓展

　　墨尔本制订城市发展计划的一个基本需求是至少将一部分非必要的城市功能分散到整个大都市地区,与此同时,通过优化和强化郊区公共服务功能,逐渐抵消城市功能日益集中的负面影响。在处理这个问题时,墨尔本认识到,一些城市功能必须有新的集中地点。例如,很多工业企业认为,城市中心区是最好的建厂位置,因为这里能够为工厂与其他城市功能形成紧密联系和互动,如城市中心区不仅可以使产品快速到达港口,还方便雇员在城市内部居住。但是,一部分企业也发现,城市中心区太过拥挤,员工被安置在狭小的房舍内,居住环境恶劣,因此,许多人宁愿搬到环境相对较好的郊区居住。

　　此外,在城市中心区,想要扩大生产、增加新厂房也受到严重束缚,在寸土寸金的霍都网,很难按照现代工厂的设计标准扩建工厂。为了降低建设成本,减轻员工交通负担,部分企业开始选择在距离工人居住地较近的郊区建设新工厂。这些地区分布在整个郊区地带,面积分散且扩散范围很大。为了交通便利,大部分工厂靠近现有的公路、铁路,还有一部分企业分散在各地,他们寄希望于通过规划的交通系统满足未来的人员和物资流动需求(图 4-26、图 4-27)。

　　也有迹象表明,与工业企业的想法类似,当时有一部分商业和公共管理部门也趋向于从中心地区迁入郊区(图 4-28),这带来了郊区购物中心的不断发展。如果美国购物分散化的趋势在墨尔本也能得到体现,那么这种趋势将会对新地方中心的建立大有助益。虽然分散化已经在路上了,但墨尔本自发性的空间功能疏散还没有为新中心的孕育发展提供足够的条件。

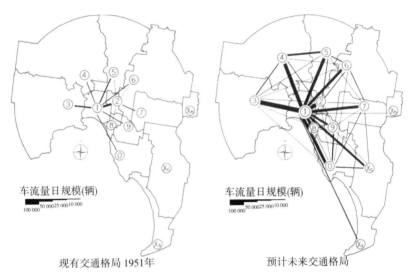

现有交通格局 1951年   预计未来交通格局

图 4-26　墨尔本都市区交通规模预测

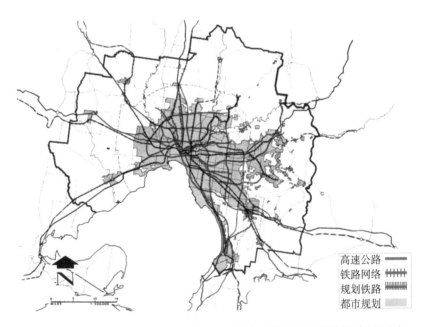

高速公路 ━━━━
铁路网络 ┼┼┼┼┼
规划铁路 ∿∿∿∿∿
都市规划 ▨▨▨▨

图 4-27　墨尔本都市区交通规划（1969 年）

　　针对上述情况,墨尔本在 1954 年决定规划建设一系列新的地区中心,新中心的主要规划目的是为了有效缓解过度集中的城市功能,避免郊区居民日复一日疲惫不堪地前往市中心。这些新地区中心具有逐步发展繁荣的潜力,而且它们的选址与公路、铁路交通有紧密的关系,便于输送周边的居住人口。根据规划设想,这些地区中心将来会有文化和娱乐设施、百货商店、公共服务和行政分支机构。如果有合理的规

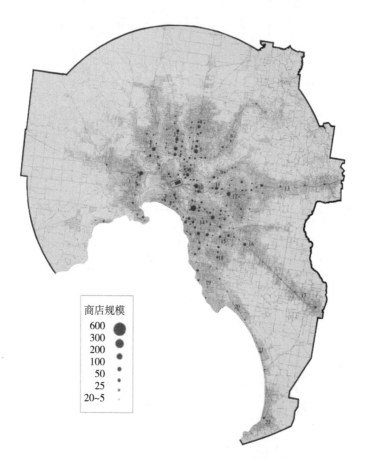

商店规模
600
300
200
100
50
25
20~5

图 4-28　墨尔本都市区商业格局（20 世纪中期）

划方案加持,这些新地区中心可以成为繁荣的社区活动中心,甚至有部分功能可以与中央商业区相媲美。

为了抵制城市中心区过度集中的发展趋势,建设新地区中心是一种典型的城市规划策略。建设新中心并不意味着城市中心区会逐渐萎缩,这是因为,最重要的公共活动仍然必须在城市中心地带开展。相反,这种疏散有利于为那些仍需被保留的公共功能腾出用地空间。因此,建设新中心并不会导致霍都网发展速度的下降。也只有这样的规划策略才能产生平衡效益,一方面有助于进一步提高城市中心区的空间利用效率,另一方面又能够为郊区市民提供更能满足日常需求的便利功能,这是一座城市保障市民权利的重要内容。

以往,墨尔本中央商务区的许多活动都与零售购物有关,对于大多数家庭主妇而言,到城市中心购物消费是一种令人愉悦的体验,后来,这种愉悦体验正在消失,由于交通拥堵与环境恶化持续加剧,在中央商务区购物变得越来越令人厌烦。在美国,中央商务区已经发展到了这样一个尴尬阶段:原来主要位于内城的大型百货公司被迫在郊区设立分店,以满足客户的就近购物需求并保持其自身的业务发展。促成这一现象的最主要因素是私家汽车的普及(图4-29)。在澳大利亚,尽管当时私家汽车拥有率比美国稍低,但机动车的发展势态大体上遵循了美国的发展趋势。因此,墨尔本购物中心的分散化与美国城市一样必要。

图 4-29　美国波士顿郊区购物中心（20 世纪中期）

　　显而易见,成功疏散城市中心区功能的关键是为郊区提供百货公司、城市公园等公共服务设施和公共活动场地。自古以来,商业和休闲娱乐功能都是引导城市空间发展的关键因素,实际上,墨尔本也需要在郊区设立百货公司分支机构,并围绕这些新地区中心进行必要的公共服务设施建设。按当时的规模,这类地区级的新中心需要提供至少满足 20 万人口的公共服务设施。

　　新地区中心主要由公共交通和公共设施构成。集聚效应、多样化的服务组合、便捷的交通联系,可以为新地区中心赋予区位发展优势条件,形成中观层面的城市节点,支撑城市良性运转。结合公共交通布局,新地区中心在霍都网周围分散布置,需要具有很好的可达性并在不同地区中心之间建立新的联系路径。与此同时,新地区中心的意义不仅反映在物质空间、服务职能层面,在社会层面,通过新的公共场所将居民凝聚在一起,其战略节点意义还体现在城市空间等级体系对新社会结构的塑造。

　　传统城市的地区级中心往往如此,一个集中布局、与中心城市相契合的区域结构决定其中心特征,居民通过布局在中心地带的公共场所融入公共生活,公共生活又反过来促进地区中心发展。因此,如果要培育、形成一个郊区中心,为居民提供融入公共生活的配套性公共空间必不可少。无论新地区中心可能吸引哪些公共活动,可以想象,除了购物这一核心功能之外,这些新地区中心还需要为其他社会活动提供便利,这也要求新地区中心要营造更吸引人的环境条件,向当地居民提供更完善的公共空间和公共场所。

　　为此,1954 年编制的城市规划方案分别在墨尔本西郊、北郊、东郊、南郊以及东南郊布局了五个地区中心(图 4-30),这些地区中心之所以被选中,是因为它们地理位置优越,而且具有发展潜力。如果这些中心要达到既定规划目标,首要条件是提供适当的公共空间与公共设施,以方便当地居民,其中包括:

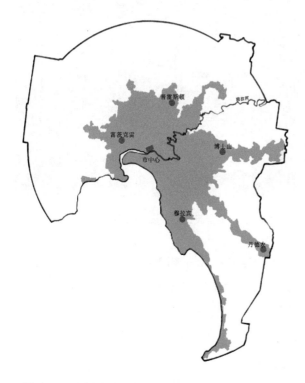

图 4-30　墨尔本的五个地区中心（1954 年）

　　①社区居民可以从住宅、商店和办公场所便利地到达附近的公共交通及停车区域。

　　②为社区居民提供方便到达火车站的公交接驳站点。

　　③减少对购物者造成行走干扰,布局人性化的步行交通路线。

　　④规划具有便利和充足停车位的百货公司和购物中心。

　　⑤为娱乐、文化功能提供多样化的公共空间与公共设施。

　　以西部地区中心富茨克雷(Footscray)为例,从 1954 年的规划调查报告中可以看出,墨尔本西郊居民对城市中央商业区的利用比其他地区的居民要少。在西部郊区居住的市民中,只有大约9%的人口经常在城市中心区购物。富茨克雷是墨尔本除城市中心区以外最大的零售批发中心之一。这表明,西郊居民在当地能被满足很大一部分购物需求。而且,富茨克雷位于两条服务西郊的铁路线交汇处,这种交通条件使其非常适合成为一个地区中心。

一个地区级别的城市中心,如果设有百货商店、公共花园、医疗中心和其他公共服务设施,将能够吸引大量人流。根据交通研究,一个拥有25万人口的地区,每天可能有1.5万辆或更多车辆进入该地区中心地带,这样的规模足够支撑起地方商业和地区性公共活动功能的可持续发展。如果进行区域城市更新,提供合理的公共空间和停车设施,富茨克雷作为一个地区中心的地位将得到极大改善,其商业活动的服务范围、服务半径也会显著扩大,这样的商业发展状态能为该地区建设公共空间和公共服务设施提供更有力的财政收入支持,由此确保地区中心走向良性发展轨道。

为了评估五个新地区中心可能吸引的人口规模,当时的规划对墨尔本各个郊区的人口、汽车拥有量、霍都网和郊区中心的公共服务功能,以及拟议的道路系统、公共空间和公共交通系统进行了比对分析,选定的五个新地区中心都经过了仔细研究与审慎决策。今天,五个新地区中心早已成为墨尔本都市区内重要的地区性城市节点,这些新地区中心不仅塑造了墨尔本有别于卫星城的空间发展模式,而且成为墨尔本打造多层级城市公共空间体系的中坚力量(图4-31)。

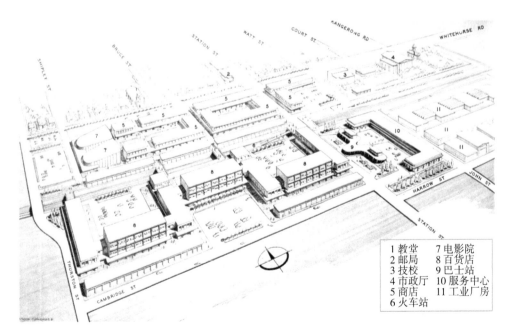

1 教堂	7 电影院
2 邮局	8 百货店
3 技校	9 巴士站
4 市政厅	10 服务中心
5 商店	11 工业厂房
6 火车站	

图4-31　墨尔本东部地区中心博士山规划方案

5

面包圈城市与公共空间更新

5.1　面包圈城市

从 20 世纪 70 年代开始,受郊区化、去工业化的共同影响,以及无论是居住环境还是住宅价格,城市中心区都远不如住宅宽敞、环境优美的都市郊区,多方因素导致城市中心区人口大量外迁,特别是霍都网内的人口快速流失。尤其是 20 世纪 90 年代初,房地产投机泡沫破裂,墨尔本的空心化程度达到了顶峰,居住在城市中心区的居民总数(仅为居住人口,不包含就业人口)一度下降到仅有约两千人的历史最低点(墨尔本大多数人口居住在范围广大的都市郊区,由于城市中心区规模较小,居住人口原本就相对较少,占都市区总人口的比例较低)。所谓的 CBD 在工作时间结束后便基本成为一座空城,墨尔本也因此被媒体戏称为空心化的面包圈城市。

5.1.1　郊区扩张与中心区衰退

墨尔本的城市中心区为整个维多利亚州提供服务,它的功能是区域性的 CBD,而不是单纯的都市 CBD,它的空心化状态带来的发展危机会对维多利亚州,甚至是澳大利亚的社会经济发展都将产生负面影响。正因如此,城市中心区的空心化问题不仅需要从墨尔本市区和墨尔本都市区的角度来考虑,更需要从宏观的维多利亚州的角度做出思考和回应(图 5-1)。

尽管墨尔本城市中心区最初的优势是由宽阔的主要街道构成的矩形布局,但现代社会活动所需的公共空间仍极度缺乏。多年来,霍都网一直存在的主要问题就是缺乏社会交往的公共场所、自由流通的公共交通、适宜生活的居住环境,以及使用便利的服务设施。因此,制订城市发展计划必须放眼长远,不仅要为今天的需求做出准备,而且还必须为将来的需求奠定基础,这需要足够的规划远见。

面对郊区扩张与中心区衰败并存的局面,1971 年出台的《墨尔本都市区规划政

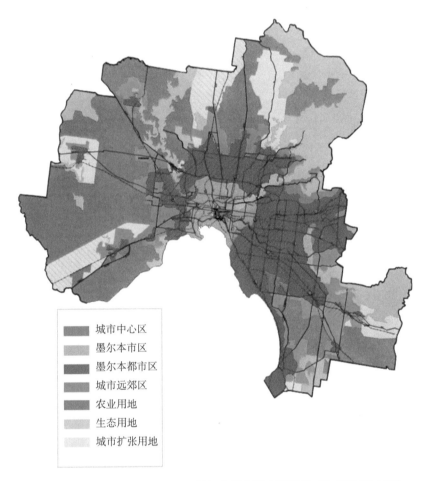

图例：

- 城市中心区
- 墨尔本市区
- 墨尔本都市区
- 城市远郊区
- 农业用地
- 生态用地
- 城市扩张用地

图 5-1　墨尔本都市区空间格局（20 世纪 80 年代）

策》(Planning Policies for the Melbourne Metropolitan Region) 具有重要的时代意义。该规划政策中明确指出，墨尔本未来的城市增长将以两项基本条件作为支撑：一是对现有建成区实施城市更新（主要针对城市中心地带），二是都市区的对外扩张，二者中当务之急是墨尔本需要通过对现有建成区（城区）的再开发进一步提高土地利用效率，从而减少城市发展对外部空间（郊区）增长的高度依赖。

1981 年出台的《都市战略实施计划》(Metropolitan Strategy Implementation) 进一步指出，该计划是 1971 年《墨尔本都市区规划政策》的延续，与之不同的是，新计划明确了城市发展的重点目标，即助推墨尔本发展成为一个更具多样性、更具吸引力的城市，以有效应对城市中心区衰败的不利局面。该计划针对城市中心区制定了系统性的规划目标，内容涉及城市道路与公园广场改造、住宅模式升级、商业功能重组等八个主要方面，其中，以城市道路、公园广场为代表的城市公共空间改造成为应对中心区衰败的主要操作方案。

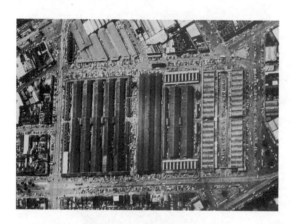

图 5-2　环境状况不佳的维多利亚市场

墨尔本的城市中心区最初是按照澳大利亚 19 世纪中期的城市建设标准开发的,霍都网内的绝大多数住宅是低层住宅,且都建在小块土地上,用新的发展眼光看,这造成了土地资源的极大浪费。随着建筑越来越密集,很多地段街道狭小而阴暗,卫生状况不佳,很难提供良好的居住和生活条件,而且城市中心缺乏餐厅、书店、咖啡店等支撑现代城市生活所需的商业与公共服务设施。由于地处黄金地段,非住宅用途的金融、商业机构已经占领了城市中心区,这导致许多地方出现高密度的建筑开发模式,通风、日照等条件持续恶化,进一步使城市中心区失去了环境吸引力(图 5-2)。

作为澳大利亚经济重地的首府,城市中心区的持续衰落也给维多利亚州的经济形象、商业服务职能带来了巨大发展挑战。霍都网的缺陷,如不能提供公共生活、公共事务、公共服务所必需的便利设施,以及其他有损于充分履行 CBD 职能的情况,都将影响维多利亚州乃至整个国家。理解 CBD 的缺陷和不足,对于制订城市中心区的未来发展计划至关重要。

5.1.2　城市复兴与城市设计

为了避免城市中心区走向衰败,21 世纪到来之前的二十年间,墨尔本经历了一场旷日持久的城市复兴运动,通过程序渐进但目标一致的城市设计实践,霍都网内一切可利用的空间变成了公共场所,这些场所与城市固有的空间肌理相呼应,富有吸引力和多样性。这种变化很大程度上要归功于墨尔本在城市设计方面强而有力的战略定位。从 20 世纪 80 年代开始,维多利亚州政府和墨尔本市政府大力推行城市设计改革,墨尔本将城市设计重点放在可实现的行动计划上,一系列循序渐进的城市设计策略和个性化的城市设计方案得到了有效落实。成效显著的是,霍都网成为新的文化娱乐中心和生活、学习的理想场所,扭转了过去几十年中人口、商业活动和就业率长期下降的不利局面。

1994 年,墨尔本市政当局联合城市设计学家扬·盖尔共同研究出台的规划策略

《人的场所：墨尔本 1994》（Places for People：Melbourne City 1994）生动而真实地研究、描述了城市公共场所发生的公共活动数量、公共活动类型与公共活动特征。这项研究成果及其制定的规划策略在激励、指导和加速城市复兴进程方面发挥了重要作用。到 2005 年，《人的场所：墨尔本 1994》已经发展成为延续性城市设计机制的重要组成部分。

　　通过深化应用扬·盖尔的公共空间研究方法，墨尔本在吸引公众生活方面取得了进一步的显著成功，包括对公共场所进行环境改造、提供新的公共空间等一系列举措，墨尔本的城市公共生活发生了根本性的变化。在完成必要性工作的同时，越来越多的就业者开始主动在市中心参加各种各样的休闲活动。这一结果表明，当公共空间成为吸引人的地方时，公共生活与城市活力也将随之而来。

5.2　城市公共空间更新

5.2.1　回归城市中心区

　　城市中心区衰落也被称为内城衰落，是指由于城市化进程不断发展，城市中心地带人口高度聚集，导致空间拥挤、环境恶化、地价过高和生活水平下降等一系列问题，为了改善生活环境质量，城市居民由市中心向郊区迁移，商业、工业等其他城市功能也随之迁移，造成中心区衰退的城市发展现象（图 5-3）。

图 5-3　都市区重点发展区域（20 世纪 80 年代）

　　墨尔本城市中心区的衰落始于 20 世纪 70 年代，80 年代末至 90 年代初达到高峰期，对于墨尔本来说，寻找到城市中心区衰落的应对之法是一个长期性的理论实践探索过程。在 20 世纪 80 年代之前，墨尔本市政当局对城市中心区采取的是"自由放任"的管理方式，CBD 被普遍认为是没有计划、不适宜居住的场所。这种状况构成了重新评估城市发展计划的时代背景。可以说，墨尔本大规模的城市更新运动与城市中心区的衰落紧密相关，其核心目的是希望以城市建成环境改造为主要途径,重塑墨尔本的经济、社会与文化活力(图5-4)。

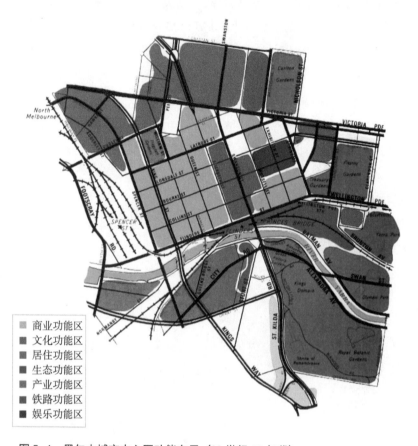

图 5-4　墨尔本城市中心区功能布局（20 世纪 80 年代）

　　如同许多西方国家一样,二战后的 20 年是澳大利亚经济发展的一段黄金时期。这一时期,国民生活水平有了显著提高,私家车的普及、优惠的郊区购房政策使澳大利亚城市发展的郊区化现象日益明显。在墨尔本,大量中产阶级在二战后开始向都市郊区迁移,这也间接促使了工商业、制造业等城市功能陆续外迁,这些城市功能提供的就业机会进一步造成了更多的人口外迁。

　　正如刘易斯·芒福德(Lewis Mumford)指出的:"如果人们不能征服城市,人们至少可以逃离城市,郊区至少是对不可避免的命运的一种抗议。"郊区化带来了各方面的连锁效应,引发了诸多城市问题。这种恶性循环的两个结果,一是郊区的无序蔓延,二是城市中心区的持续衰落。在霍都网内部,居住人口和就业人口双双锐减,失业率和犯罪率不断攀升,对于一座移民城市来说,新居民的减少是城市中心区衰败的主要特征。

20 世纪 80 年代中期以来,墨尔本的城市结构发生了剧烈变化,这种变化主要是由于大规模的城市改造运动造成的。在城市中心区,交通时间的延长导致了细分车道的出现。与此同时,整合多个地块进行大尺度的城市空间再开发开始盛行,导致历史上细颗粒状的城市形态和贯穿街区的空间渗透性逐渐丧失。

例如,在 20 世纪 80 年代末至 90 年代初,墨尔本城市中心区零售商场的历史建筑、商业街被拆除,对城市结构产生了负面影响。而在 2000 年左右,维多利亚市场的改造则采用了不同的方法:新的空间开发在原有细分地块上进行,带有公共通道的整体结构建立了贯穿街区的步行渗透性,这种有机更新的方法与十多年前大拆大建的城市改造运动形成了鲜明对比。

在码头区(Docklands),原本长期废弃的港口急剧转变为由住宅、商业以及娱乐、休闲用地组成的综合性城市中心。此时的码头区,历史性的城市肌理被严重破坏,不但城市结构变得更加复杂,其空间规模也超过了霍都网,中心城市的街区已经跨越铁路线、快速公路向西延伸到了该地区。虽然建立了物理空间和路网系统的象征性联系,但城市中心区与码头区之间仍然被铁路隔开,这对构建空间实际使用的步行连通性有着明显的负面影响。

与码头区类似,南岸区(Southbank)的工业时代也已经过去,虽然区域外围建设了非常宽阔的街道,但大面积的地块开发形成了不可渗透的街区肌理,20 世纪 90 年代建设的城市快速路与地下隧道成为一道道坚不可摧的空间屏障,形成的是一个粗糙且不适宜步行的新城市结构。

在人口锐减的同时,单调而没有生机、缺乏活力的城市空间使公共活动、社会交往越来越少,人际关系日渐淡漠。更深层次的负面影响则是城市凝聚力和软实力的退化。错综复杂、相互影响,又相互制约的各种空间矛盾被激化,使城市中心区迅速陷入发展的恶性循环之中,人与人、人与空间、人与城市之间长久以来建立起来的内在交互关系也陷入了深层次的发展危机之中。

为应对城市中心区衰败的发展困境,通过公共空间重塑城市形象,带动城市中心区实现功能转型成为一种重要的城市设计策略。与之相关的城市更新实践的最终目标是希望吸引市民回到市中心居住、生活和消费。20 世纪 80 年代起,市政府联合规划部门、研究机构和专家学者制定了一系列城市设计策略,通过营造宜人的公共空间、促进商业零售业发展、植入各类节庆活动,以及在市中心开发高层住宅等途径聚集人气,吸引人口回流并提高人口密度。

回顾墨尔本的城市更新历程,可以说是现代城市设计学科为复兴城市活力而与内城衰落做斗争的研究和实践过程。自 20 世纪 80 年代起,在扭转城市中心区衰败、复兴城市活力方面,墨尔本成为澳大利亚的先锋城市和代表型城市。今天的墨尔本被认为是以城市设计为主要手段、以城市更新为主要途径,成功遏制内城衰落的经典案例,墨尔本也因此成为城市设计与城市更新研究的重要实践案例。

5.2.2　聚焦城市公共空间

20世纪中期,"现代法国辩证法之父"列斐伏尔(Henri Lefebvre)建立了空间生产理论,提出了空间本体的生产性特征,揭示了城市空间蕴含的社会属性与社会价值。城市空间生产指城市通过资本、权力、阶级等政治、经济、社会要素对空间进行重新塑造,从而使城市空间转变为社会生产介质和产物的过程。在批判传统的物质时空观和绝对时空观的基础上,列斐伏尔对空间生产理论做了系统性阐述,指出社会空间与物理空间的鲜明差异与辩证关系,这对实体空间(城市空间)研究的深化发展产生了深远影响。

空间生产理论推动了城市公共空间研究的范式转向。从列斐伏尔的空间观可以得出公共空间的另一种理解:公共空间不是单纯的城市"容器",其本质是自然空间向社会空间转化的过程。典型的社会属性表明,公共空间与城市并不是简单的从属关系,而是互相介入、互相结合、互相叠加的关系。空间生产理论提供了一种新思维,这种思维的核心观点是,作为社会转化的过程,空间本体具备生产价值,需要以动态的演化过程不断调整其与城市社会发展的内在结构关系,建立与城市更紧密的联系性,并形成更好的互动机制,从而不断提升空间本体在经济、社会、文化等方面的价值产出效益。

空间生产理论有助于我们发现城市公共空间面临的发展矛盾。在现代城市化进程中,城市建设日新月异,公共空间快速发展,可惜的是,这种发展并非是以调整公共空间与社会结构深层交互关系为基础的发展。城市规模扩张了,公共空间数量增加了,但长期以来形成的建设模式并没有得到有效调整,公共空间与社会系统的分离状态没有改变。与此同时,公共空间建设面临许多问题,如土地收益率不高、空间利用率较低、建设资金紧张,以及空间布局分散带来的交通耗时多等,这些问题也没有通过城市空间社会关系的重塑而得到有效缓解。在上述背景下,许多城市面临着同样的瓶颈:社会发展要求公共空间以更开放、更多元化的结构功能支持城市活力的提升,但大部分的现代城市公共空间难以满足这一基本要求。

在推动墨尔本城市复兴的设计实践中,最重要也最为各国学界广泛熟知的是由著名城市设计学家扬·盖尔与墨尔本市政府城市设计总监罗博·亚当斯(Rob Adams)主导实施的、前后长达十余年的城市公共空间更新策略,即通过塑造人性化和个性鲜明的公共空间系统吸引人们回归市中心生活,以此复兴城市活力。作为以批判现代主义、主张营造人性城市而闻名世界的城市设计专家,墨尔本市中心的公共空间重塑可以称为扬·盖尔最具代表性的实践作品之一。

20世纪60年代于丹麦皇家艺术学院毕业后,扬·盖尔一直从事城市设计方面的教学、研究和实践工作。扬·盖尔的城市设计研究主要集中在公共空间与公共生活领域。在开展学术研究的同时,20世纪80年代以来,扬·盖尔还广泛参与了哥本哈根(Copenhagen)、纽约(New York)、伦敦(London)、墨尔本、莫斯科(Moscow)等世界范围内多座城市的"公共空间-公共生活"调研与城市设计工作,在公共空间规划、城市更新方面,特别是在步行城市设计方面取得了令人瞩目的巨大成就。

为遏制城市中心区持续衰落,在美国,许多城市用"推倒重建"的观念大规模地改造历史城区,旧金山、波士顿(Boston)、费城等城市都经受了这种早期粗暴式城市改造运动的洗礼。在城市改造运动中,建筑师和规划师们试图通过城市设计建立一个全新的空间秩序,其结果是原有的空间肌理、城市功能被彻底清除,取而代之的是体量更大的建筑、规模更大的街区和尺度更宽的道路。

这种激进式的城市改造运动奉行"一切从零开始"的城市设计原则,导致城市发展与城市历史完全割裂。与此同时,现代主义倡导的"形式服从功能"使公共空间失去了很大程度上的社会意义,早期现代主义城市设计过度重视单体建筑设计,导致了建筑与城市空间、城市环境的分离,这种分离使街道、广场、公园等公共空间与城市建筑的联系性大大降低,造成人与公共空间的距离越来越远。

激进的城市更新运动摧毁了城市原有的历史空间基础,机械化的城市功能分区难以延续以人为基础的空间网络和社会结构,城市因此无法为居民提供适宜的社会生活场所和社会交往空间(图5-5)。在美国许多大城市,新建的高速公路穿城而过,不但割裂了城市内部的空间体系,也隔离了社会关系的结构网络,这种隔离对城市活力产生了极大的负面影响。此外,汽车数量的增加使大量街道空间被停车所占用,曾经供人日常生活和交往的街道丧失了社会意义。

上述问题很快引起了部分学者对城市现状的思考与批判。20世纪80至90年代,扬·盖尔即对哥本哈根、墨尔本等世界范围内的多个城市展开了广泛的城市空间调查,并通过《公共空间·公共生活》(*Public Spaces · Public Life*)、《人的城市》(*Cities for People*)等一系列著作对"非人性化"的城市设计现状做了批判和反思。在《人的城市》一书中,扬·盖尔总结了其四十余年的研究与实践工作,为如何营造宜居城市提供了理论指导。

扬·盖尔认为,现代主义理论指导的城市规划更多的是简单的功能堆叠,例如,

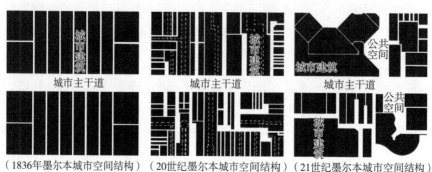

（1836年墨尔本城市空间结构）　（20世纪墨尔本城市空间结构）　（21世纪墨尔本城市空间结构）

图5-5　墨尔本城市中心肌理演变

城市规划师投入大量精力去思考如何更高效地组织机动车交通系统、提高城市运转效率,但他们对于人本身的关注却非常少。因为忽略了对人和人性的尊重和理解,现代主义城市规划在全世界造就了一个个与宜居和吸引力背道而驰的城市,这是现代主义城市规划理念的一个典型弊病。

　　建设人性化的城市公共空间,首先应当是一个思想问题、价值观问题,其次才是方法问题。在扬·盖尔的城市设计思想中,公共空间和人的活动被视为城市设计的出发点和落脚点。扬·盖尔认为,人在进行户外活动时是一种相对低强度的社会接触状态,但这既是单独的一类接触形式,也是可能导致其他高水平接触的开端,通过观察体验他人的言谈举止、保持业已建立起来的接触方式,可以了解外界的各种信息,获得启发、受到激励,进而从轻度接触进一步建立其他程度的接触,对于以上机会,相聚在同一空间是前提条件。

图5-6　城市中心区 Law Court 地块更新规划（1954 年）

　　在公共空间发生的社会接触是城市中最吸引人的因素。社会接触的形式、内容和特点受到物质空间规划的影响很大。同样,通过规划决策可以影响公共空间社会接触的类型与频率。好的公共空间设计并不是在绿化、装饰等方面提高投资标准,而是通过各项巧妙的改造实现更强的功能性,以更低的投资成本实现更好的功能优化(图5-6)。

　　物质环境的小小改观,往往能显著改善城市空间的使用状况,而公共空间外在环境质量一旦稍有下降,也会对公共空间的社会接触活动产生明显的负面作用。例如,在地理、气候、社会等特定条件下,对物质环境的设计不仅直接影响人使用街道的频率和规模,也会影响各种活动持续的时间,还会影响在街道上产生活动的类型(图5-7)。通过为社会性和娱乐性活动创造合适的空间条件,可以将先前被忽视而受到限制的人的社会接触需求激发出来。

图 5-7 墨尔本街道景观(20 世纪 80 年代)

历史上,公共空间对一座城市的重要意义不言而喻。例如,西方的城市广场通常是一个城市的核心所在,是人们户外生活和聚会的场所,是集市、庆典等公共活动的场地,还是人们了解社会新闻、购买生活物资和闲逛聊天的去处。如果没有这些活动,任何一座城市都很难正常运转。从促进不同人群参与公共交往的角度来看,虽然欧洲城市聚集的公共场所具有先天优势,但这并不意味着现代城市无法通过设计层面的努力,帮助其建立系统而人性化的公共场所。

许多城市不是按现代城市规划原则兴建的,但它们的发展经历了数百年的演进过程,其间可以不断自我调节,使物质环境适应城市发展的需求。这些城市在发展过程中汲取有益经验,形成的公共空间至今仍能为现代社会活动的发生提供条件支持。文艺复兴以后,自然演进的传统城市开始转向专业规划的现代城市,新的现代城市在很大程度上更像一件艺术作品,虽然规划师和建筑师试图将城市作为一个整体对象来构思、感受和创作，但相比之下，建筑受到的关注更多，公共空间则往往被忽视。

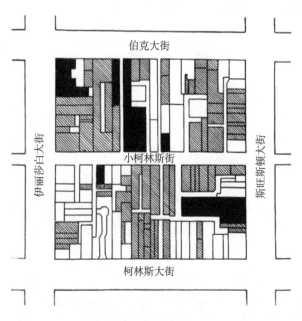

图 5-8　墨尔本城市中心街区格局

城市公共空间是广大市民日常生活的重要场所，也是各种公共生活展开的主要载体，对于营造城市活力不可或缺。人们日常生活的基本要求就是为必要的户外活动，为自发性的、娱乐性的公共活动提供合适的场地，为社会生活的开展提供理想的环境。一座城市是否有活力，与公共空间环境品质的优劣密不可分（图 5-8）。在现代城市中，公共空间是否舒适，在很大程度上直接影响人们是否愿意在城市中步行和开展休闲活动，特别是在私家车普及的今天，公共空间对步行的影响作用远远超过了传统城市。

与生活在欧洲的扬·盖尔一样，长期居住在美国的城市规划学家雅各布斯也指出，当汽车入侵城市的那一时刻起，交通消耗的时间将对城市生活产生强有力的挤压作用，这意味着一种侵蚀过程的开始，也标志着缺乏人气的、没有活力的城市蔓延的开始，最终受损的是市民生活所必需的空间环境和生活质量。

当汽车成为生活方式的重要依赖品，不仅仅是时间和空间的挤压，城市环境质量也会急速下降。机动车彻底改变了城市街道的格局，也严重破坏了行人、街道、建筑三者之间的良性互动。因此，无论是欧洲还是美国，从学者到民众，大家都对改良现代城市空间有着强烈诉求。

一座优质的宜居城市离不开符合市民需求的公共空间。虽然城市中心区内部缺乏大型公共空间，但墨尔本有规模适度的空间格局，有紧凑的建筑和尺度适宜的街道网络，人们在市内步行的时候很有可能遇到熟人，也有可能在某处街角发现令人惊喜的美食或商品。扬·盖尔痴迷于墨尔本那些最初规划的大大小小的街巷，这些原本不受欢迎的街道在扬·盖尔眼中是重塑城市活力最具潜力的要素。

与墨尔本相比，大多数美国城市高度依赖高速公路、停车场、大型购物中心等现代化的公共服务设施，车辆通常不太友好且令交通险象环生，在城市中步行的人数因此大幅减少。在许多现代城市中,街道是依照汽车的尺度和需求打造的,从理论上说,机动车的使用能够节约时间,因此能够创造更多的休闲机会。但事实上,汽车并没有将现代人从忙碌的时间中解放出来,城市居民工作之余的休闲时间不但没有变多,反而是明显减少了。

自 20 世纪 80 年代起,扬·盖尔开始收到国外城市的邀请,去"修补"那些一度让位于车辆和高楼的城市公共空间。扬·盖尔鼓励步行和自行车交通,致力于缓解现代城市因满足机动车交通需求而侵占公共空间、损害公共生活的普遍现象,主张通过人性化的公共空间规划塑造城市活力,为人创造良好的步行与休闲环境。在众多城市设计项目中,墨尔本 CBD 的公共空间改造是被扬·盖尔提及最多和最引以为傲的城市更新实践之一。

多年来,许多专家一致认为,从巴塞罗那(Barcelona)、哥本哈根等欧洲传统城市的空间肌理中可以寻找到大量证据,表明优质的步行环境能够使城市更加充满活力和富有吸引力。在过去的几十年里,哥本哈根的公共空间得到了实质性的改善,公共生活出现了令人印象深刻的增长现象。墨尔本为我们增加了一个新的人性化城市设计案例,一个原始设计没有公共空间的网格城市也能焕发生机勃勃的社会活力。

20 世纪 70 年代,霍都网被认为是一个单一功能的城市中心;80 年代,霍都网是一个被称为"面包圈"的乏味的城市中心,这座城市经济、社会等各方面的巨大发展没有在城市中心区得到充分的体现(图 5-9、图 5-10)。当时,许多现代城市的发展情况

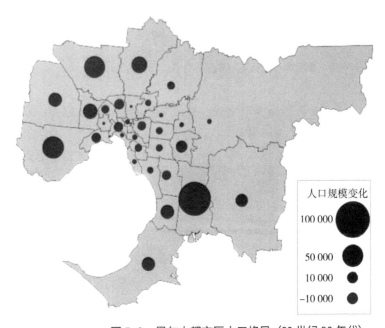

人口规模变化

100 000

50 000

10 000

-10 000

图 5-9　墨尔本都市区人口格局（20 世纪 90 年代）

也与墨尔本相似。自 1985 年开始,一个精心策划的、以人为本的城市更新进程在墨尔本得到了逐步实施。

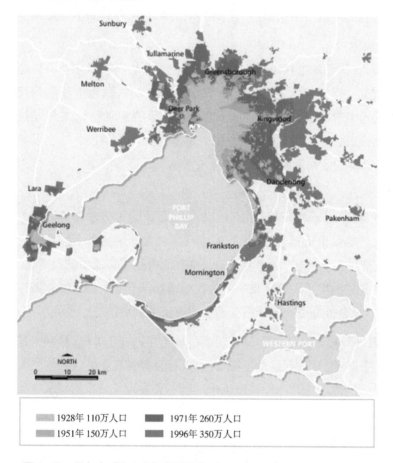

1928年 110万人口　　1971年 260万人口
1951年 150万人口　　1996年 350万人口

图 5-10　墨尔本"空心化"发展趋势（1928—1996）

在一个城市可以做到的改善公共空间的设计实践中,墨尔本几乎做了所有能做的努力:更优质的街道和广场,更宽的人行道,更高质量的建筑材料,更吸引人的店铺,更精美的城市家具,更新奇的公共艺术,以及更重要的——更多的居民和学生,等等。

一系列城市设计工作的有序开展,使墨尔本公众的生活发生了翻天覆地的变化,越来越多的人走上街头开展各种社交活动。在城市中心区,工作日的人口数量增加了40%,晚间活动的人口数量是 1993 年的两倍。越来越多的人主动来到城市散步,花更多的时间享受城市优质的物质环境和人文氛围。

总而言之,在 20 年的时间里,20 世纪 80 年代之前不适宜居住的城市中心区转变为一个 24 小时充满活力的地方,这里比世界上大多数的城市中心区更安全、更活跃,也更具吸引力。实践证明,即使是对公共空间进行微小的改变,也可以使一座城市的经济、社会、文化环境发生巨大变化。

近年来,在各类全球宜居城市榜单里,墨尔本总能位居前列,尽管大部分人并不清楚宜居城市究竟怎样测评、如何比较。但能直观感受到的是,与洛杉矶(Los Angeles)这类汽车主导交通的城市不同,在墨尔本,大街小巷中、广场花园里总是充满了活力。20 世纪 80 年代,墨尔本也曾面临两难选择,是大刀阔斧地拆除重建,打造一个美国式的现代化都市,还是保留老城肌理,建设一个充满活力的人性化城市。墨尔本选择了后者,并花费了相当长的时间取得了显著成效。

5.2.3　人的场所塑造

在墨尔本的城市设计实践中,扬·盖尔抛弃了以机动车为中心的城市发展模式,转而采用一种成本更低的方式改造城市,以人为中心,让墨尔本市民重新回到公共空间中。如同前文提及的,墨尔本的城市 CBD 建于殖民地时期,为了最大限度地从土地买卖中获利,当时的殖民者将城市划分为狭长的网格状街区并将土地"切得很碎"。在工业化时代,许多背街小巷成为垃圾堆放场所。

20 世纪 80 年代末,大量房地产投机资本涌入墨尔本,但受经济转型与人口外流的影响,泡沫很快崩溃,CBD 进一步衰退。在这种情况下,市政府推出了城市中心区复兴计划,并找到扬·盖尔寻求合作。当时的墨尔本城市设计总监罗博·亚当斯也认为,不同于 20 世纪的大型建筑工程,墨尔本城市中心区振兴计划的核心任务是研究如何更好地利用现有的城市空间和公共设施。

对墨尔本进行城市设计实践,可以说是扬·盖尔事业发展的重要里程碑。比较契合的是,墨尔本市政府致力于"把人带回城市,强调高质量城市设计的重要性",这与扬·盖尔建议的强化整个城市中心区的步行功能,并重点对街巷空间和城市环境进行人性化营造的想法不谋而合。扬·盖尔认为,城市的服务对象首先是行人,而不是飞驰的汽车。因此,城市空间,尤其是城市中心区的空间尺度需要以人的步行活动为标准。他将人性化城市设计理念带到墨尔本,希望以此重塑墨尔本城市中心区的步行体验,让人们回归市中心。

只有通过规划设计层次上的精心处理,才能创造功能完善的公共空间。不断演变的城市问题要求墨尔本追求卓越的城市设计新途径,以此应对不断变化的空间使用模式和持续郊区化的人口增长趋势。墨尔本的公共空间调研规模大、复杂度高,扬·盖尔团队对覆盖整个中心城区的所有空间进行了全面调查,并在此基础上对这座城市的主要问题和潜在优势做了系统性分析。最终,扬·盖尔推荐采取一种渐进式的有机更新策略,建议强化并充分利用墨尔本的独特优势,包括大量的城市街道和雅拉河沿岸的滨水地带。

在规划策略层面,扬·盖尔摒弃自上而下的城市更新模式,采取了逐步累积、由下而上的城市设计方法。正如亚当斯所言:"我们需要通过重新定义与利用城市现有设施,而非通过20世纪那种宏大的工程性手段来重塑城市。"亚当斯反对现代主义观念盛行下的大拆大建,他主张"重新定义与利用城市现有设施",就是希望通过努力挖掘城市闲置的存量空间资产,以少量却不断持续的资金投入将城市空间盘活。

因此,亚当斯赞同扬·盖尔的理念,支持以城市设计软性手段逐步将墨尔本市中心衰败的街巷改造为特色鲜明、适宜步行的公共空间,这些街道能够建构起空间网络和步行系统,通过提升城市建成环境的步行友好性,营造公共艺术氛围,并合理控制机动车交通,人群、消费便可以在霍都网活跃起来,城市中心区也将随之再次繁荣。

在《人的场所:墨尔本1994》中,扬·盖尔团队对墨尔本的城市公园、城市广场、公共绿地、公共建筑等内容展开了一系列的人性化调研,这些空间都属于公共空间的概念和范畴(图5-11、图5-12)。从单纯的街道扩展到更广泛的公共场所,《人的场所:墨尔本1994》建立了公共空间与公共生活之间的紧密联系,为人性化城市设计理念在墨尔本的全面实践奠定了重要基础。

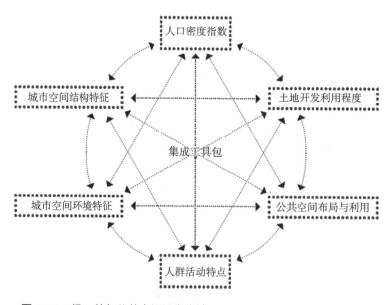

图5-11　扬·盖尔公共空间研究方法

研究区域（1993年）

研究区域（2004年）

图 5-12 扬·盖尔公共空间调查范围

通过对空间数量、空间质量、空间容量、空间吸引力等九项内容的调查,扬·盖尔对墨尔本市区范围内的公共空间展开分析,形成了系统性的研究方法。同时,《人的场所:墨尔本 1994》也对现代功能分区理论的弊端做了反思,首次将城市用地功能纳入研究体系之中,并提出通过混合功能的土地开发模式增强城市活力、激发空间价值的新观点,这一观点在当时极大地拓展了人性化城市设计的研究内容。

以公共空间为依托,扬·盖尔还对宜居城市概念做了解读,首次从人性化的视角提出了宜居城市的四项要素并制定了相应的城市设计策略。该策略成为宜居城市建设的重要支撑,对墨尔本打造高品质、有吸引力的城市环境发挥了重要指导作用。

在上述研究基础上,《人的场所:墨尔本 1994》提出了一系列具体化的公共空间改造措施,其中具有代表性的内容包括:

①注重道路安全,增加步行优先街道的比例,在街道中增添景观设施与休闲设施,给步行者创造安全舒适的步行环境,并形成连贯一致的步行系统。

②修正街道与建筑之间的人性化空间尺度关系,鼓励新建筑提供沿街商业空间,与街道形成功能互动。同时,通过财政补贴等支持途径使沿街商铺保持较低的租金水平,为最能聚集人气的中小型零售企业、餐饮企业提供经营场地和就业机会。

③鼓励"占道经营",允许非主干道路两侧、餐饮集中区占用一定比例的道路空间

进行户外经营活动。出台街边咖啡馆规范(Kerbside Cafe Code)等"软措施",详细界定街边餐饮区域的适用对象、划定范围、确定营业时间等,针对商业类型和经营行为制定严格的街边经营许可证管理制度(图5-13)。

咖啡区
零售区
步行区
共享区
更新区

图 5-13　扬·盖尔制定的公共空间规划策略

④为增添街道特色、进一步聚集人气,支持街头公共艺术,推行街头艺术执照策略。获得执照的街头艺人可以在指定区域和规定时段内进行街头表演与艺术创作,街头画家可以在业主许可的前提下,在建筑外墙创作绘画作品。独特的街头公共艺术政策激发了公共文化活力,塑造了墨尔本个性鲜明的小巷涂鸦艺术风格。

墨尔本的占道经营并非放任经营,而是受到严格的规划管控。有资格进行占道经营的是有固定室内经营场所的餐饮机构,街边餐饮设施必须是可移动的临时性设施,且须放置在明确划定的范围内,烹饪活动则必须在室内厨房完成。占道经营、街头艺术等一系列策略的有效实施使墨尔本的街道活力获得了大幅度提升,这一举措是公共空间重塑和街道功能活化的重要手段。

自1994年以来,墨尔本两个地区的空间变化具有特别重要的意义。一是沿雅拉河滨水走廊持续进行的城市改造,巩固了城市中心区的休闲娱乐功能,滨水空间成为许多城市庆祝活动的公共舞台;二是随着大量居住和就业人口的迁入,南岸区从一个城市设计概念转变为一个实际性的新城市核心。

此外,霍都网内部几个整体街区重建项目也对墨尔本的社会空间结构产生了深远影响。联邦广场、墨尔本中心、斯宾塞街火车站等重建项目提供了适合多种用途的城市空间,一些专门的服务设施满足了特定的空间使用需求。公共交通网络与街道相互连接,将南岸区、南墨尔本地区的边缘地带转型成为重要的新中心地区,文化活动和旅游、娱乐活动成为当地主要的就业领域。

大学校园和其他教育机构通过创造面向年轻人的人文气氛,也为墨尔本建设积极、活跃的城市环境做出了突出贡献。英国等欧洲的传统大学服务城市发展的经验表明,在一座城市设立主要研究机构是一个巨大优势,可以为当地带来技术、人才等一系列好处。过去十年中,墨尔本扩大了教育机构的规模与数量,并努力将这些教育机构融入城市公共空间网络中。1993 年以来,居住在市中心的学生人数增加了 62%,到了 2004 年,已经有近 8.2 万名学生学习、生活在墨尔本城市中心区,大量国际学生提升了墨尔本的城市活力和文化多样性,也为这座城市提供了年轻人拥有的国际视野。

随着墨尔本大学、皇家墨尔本理工大学(Royal Melbourne Institute of Technology)国际留学生数量的持续增加,为了进一步激发城市活力,墨尔本放弃了部分出售土地可获得的高额财政收入,将一部分新规划的学生公寓设在了市中心。学生人数的增加是墨尔本创意城市、文化城市建设的重要组成部分,高度集中的创意人才产生了高度集中的创意成果,这些学生富有创造力,热衷于使用城市街道和其他公共空间,他们喜欢花时间在户外活动,为当地社会的发展做出了巨大贡献。

在众多城市更新项目中,最重要的案例之一,是 20 世纪 90 年代早期斯旺斯顿街(Swanston Street)实施的城市改造计划。斯旺斯顿街的人性化改造加强了其作为墨尔本城市中心区主要公共空间的地位和特征。自 1994 年以来,斯旺斯顿街的升级改造进一步向北扩展,从拉筹伯街(La Trobe Street)延伸到了富兰克林街(Franklin Street)。20 世纪 80 年代设计的大型开发项目,如柯林斯广场(Collins Place)和墨尔本中心,在很大程度上破坏了街道环境,此时也经过改造后对外向街道开放。

维多利亚市场的改造、墨尔本中心的重建也都创造了活跃的沿街界面,支持了斯旺斯顿街北部的空间活力复兴。联邦广场和城市广场(City Square)的改造则重振了斯旺斯顿街南端的生机与活力。

墨尔本市中心的三个最主要的公共活动场所是南岸滨水步道(Southbank Promenade)、伯克街购物中心和斯旺斯顿街。每一个区域都经过了升级和改进,一系列规模更小,但却意义重大的新空间形态被引入城市。主要的新公共空间在城市广场、联邦广场得到开发,维多利亚国家图书馆(State Library of Victoria)的前广场也完全恢复了活力。对于一个以前缺乏广场的城市来说,这些成绩标志着墨尔本的城市公共空间建设向前迈进了一大步。

随着城市中心区文化娱乐、住宅用途的扩展和多样化发展,作为有组织的和偶然的公共活动场所,城市公共空间的作用变得越来越重要。这些空间能够提供灵活的适应性功能和空间管理机制,以适应开展不同的公共活动。这些公共区域也开始形成一个网络,南岸滨水步道逐步扩展到西部地区,从皇冠赌场(Crown Casino)进一步延伸到了墨尔本会展中心(Melbourne Exhibition & Convention Centre)的河流南岸。这条步道与雅拉河边的公共建筑结合,延伸出规模宏大的露台作为城市客厅,为市民游客提供了阳光明媚的开敞空间、游戏场所和静谧的河流景观(图5-14、图5-15)。

图5-14　墨尔本南岸区游戏空间

图 5-15 墨尔本南岸区滨水空间

联邦广场则为墨尔本带来了一个非常成功的大型露天文化活动中心。在设计方面，整个街区范围内的独立建筑布局从城市拱廊中汲取了灵感。作为这座城市的新客厅，联邦广场提供了一个创造性的景点组合，吸引了大量市民和游客（图 5-16、图 5-17）。

城市广场在经历了漫长的重新开发后对外开放，成为社会活动和公共集会的定点场所，并为城市白领提供了一个广受欢迎的露天就餐和非正式互动交往的公共空间。

此外，皇后桥广场（Queens Bridge Square）灵活地避开了周围的道路交通冲突，为市中心相对有限的公共区域增加了一个位置良好的公共空间（图 5-18、图 5-19）。在雅拉河边缘，新的城市设计为滨水区域提供了混合住宅、工作场所、商店、酒吧和餐馆的综合性空间。建筑物之间一系列的空间渐进式转换创造了组织良好、相互联系而又形态各异的公共开放空间，灵动的建筑立面和注重地面步行交通的设计细节大大增加了滨水空间的吸引力和使用频率。

图 5-16　墨尔本联邦广场鸟瞰图

图 5-17　墨尔本联邦广场日常使用情况

图 5-18   墨尔本皇后桥广场鸟瞰图

图 5-19   墨尔本皇后桥广场公共空间

改造城市广场的同时，巷道的重新开发也继续促进了市中心作为多种活动密集和活跃区域的空间特征，为行人提供了具有舒适性、参与性和娱乐性的城市街道环境。街道、拱廊和小巷陆续实施环境改造，这些路线扩大了城市步行系统，同时强化了霍都网的步行网络结构。随着市中心居住人数的增加，许多巷道为住宅提供了除入口以外的附加功能。越来越多的背街小巷和拱廊引入了零售商业，相互丰富建筑内部和外部的环境功能，支持城市中心区的可持续发展。

为创造更加活跃的街道环境，墨尔本采取了许多特别措施。其中最重要的是步行优先的城市设计策略形成了有吸引力的和完全可达的步行路线，通过密集的城市街区扩大了步行网络，更好地连接了城市周边地区。与此同时，自 1993 年至 2004 年，在街道拓宽的人行道上，墨尔本的路旁咖啡馆以及背街小巷增加了 177% 的户外座位，咖啡馆、餐馆及酒吧的数目从 95 间增加到了 356 间（图 5-20）。

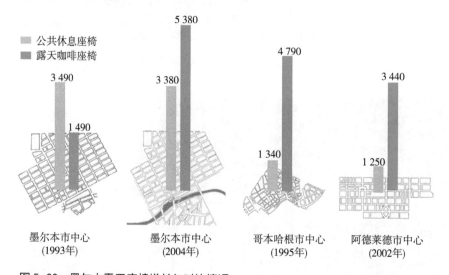

图 5-20　墨尔本露天座椅增长与对比情况

休息是行人活动不可或缺的需求。提供座位让市民有机会休息，享受公共生活和感受城市喧嚣也是公共空间改造的重要计划。除了重视户外公共座椅的数量以外，其他影响因素，如座椅的景观性、遮阴性和舒适性，以及街道活动的朝向、位置等因素对提供一个良好的座位氛围都很重要。

1993 年至 2004 年，墨尔本的公共座位数量虽然没有太大变化，但可选择的自然座位大大增加，如台阶、种植箱边缘、护柱和壁架提供了大量非正式座位，为市民提供了更多的休息机会。从公共长椅、可移动的椅子，到非正式的休憩设施，如经过精心设计的草坪、挡土墙和台阶，都可以为市民在城市中休憩提供服务。

在墨尔本,变化最显著的是路边咖啡馆提供的座位数量。2004 年 11 月,市中心已设有 5 376 个户外咖啡座位,比 1993 年增加了 177%。各个巷道通过许多新建的小型咖啡馆为这一增长做出了巨大贡献。数量的变化反映了墨尔本对户外生活方式的重视。咖啡座椅数量的增长是一个城市发展的标志之一,城市设计越来越多地为当地社区和来访游客考虑,希望他们停留更长的时间,参与街道的公共生活。

此外,公共艺术可以通过许多方式反映在城市空间结构及其社会环境中,有助于建立社会联系、加强社会包容和促进社区发展(图 5-21、图 5-22)。文化艺术项目也有助于确保地方性的人文环境得到保留、修复、尊重和诠释。例如,墨尔本艺术发展局采用了一套艺术植入策略,致力于创造一个让艺术活动得以蓬勃发展的公共环境,并渗透至城市生活的各个层面。该策略是将城市中心区的艺术和文化项目,如建筑艺术、装置艺术(包含永久性和临时性的)、公共活动和庆祝典礼,以及互动性的景观

图 5-21 墨尔本建筑艺术

图 5-22　墨尔本街头公共艺术

设施带入户外公共空间,以不同的主题和举办地点吸引路人,促进居民与游客自发互动。

　　文化艺术项目的价值是多方面的,如提高艺术和文化知名度、促进社区文化发展、诠释城市遗产和历史文脉、将资金与有助于创造城市活力的活动联系起来等。其他策略还包括将文化场所与全国巡回艺术表演的机会联系起来,为文化旅游活动做出贡献;鼓励儿童参与公共艺术活动;建立更强大、更多样化和更包容的艺术家社区;等等。

墨尔本的城市活力复兴还得益于丰富的文化建筑与体育设施,这些公共建筑大多靠近市中心与雅拉河沿岸,能够吸引来自当地、澳大利亚和世界各地的游客。墨尔本这座城市还有许多纪念杰出人物和历史事件的纪念馆、纪念碑等纪念性建筑,这些文化建筑也得到了充分利用,它们为街道、广场、公园和花园活力的提升做出了贡献。各类公共建筑改造塑造了新的建筑形象并附加了新的公共服务设施,以提高这些地点的形象识别性。越来越人性化的博物馆、美术馆、剧院和运动场为墨尔本市民和游客提供了文化活动的共同基础。

另外,夜间和周末活动的地点,包括酒吧、餐厅等消费性公共场所也是这个城市保持24小时活力的重要因素(图5-23、图5-24)。以前,墨尔本市中心的夜间活动并不活跃,但都市区的人口繁荣为夜间活力提供了基础支撑。随着更便捷的工作习惯和更灵活的时间安排,人们也希望能在工作之余随时获得娱乐享受,夜生活被认为是生活舒适性的重要组成部分。

图 5-23　墨尔本城市中心区公共艺术规划

积极的公共活动活跃了夜间景观,混合式的土地开发模式融合了商业、零售和住宅功能,以及娱乐活动的广泛分布,使城市在白天、夜间、周末和非周末都能够更加活跃(图5-25)。例如,维多利亚港(Victoria Harbour)的"蓝色公园"和雅拉河滨水步道的持续活化结合起来,创造了墨尔本作为一个海滨城市的新形象。其他重建项目,如

图 5-24　墨尔本城市中心区公共座椅规划

联邦广场、墨尔本中心等夜间活动的增加也将夜晚变得更加活跃和安全,使城市中心一年四季,尤其是夏季充满了活力。

在 24 小时运作的城市中,公共生活需要得到各种安全措施的支持。墨尔本市政府采取了全城性的安全措施,包括公园和街道照明、提供安全的城市停车场和出租车队伍、加强公共交通站点安全管理等。其中,市政当局特别重视改善街道边缘的照明设施,以提高附属空间(如车道、停车场、建筑前厅和建筑物入口)的视野开阔性,这些地方往往与夜间活动密切相关。

其他配套的特色措施还包含为青少年提供的设施和服务,以及改善公厕的选址和设计,防止犯罪案件发生,等等。安全策略促进了城市照明系统的改进,并建立了一个适合不同区域、规模、形式和功能的城市照明系统,这样一个充满人文关怀的系统确保了白天有吸引力的空间在天黑之后也能变得安全、舒适和迷人。

在墨尔本,小规模的流动性街头摊贩,如报摊、杂志亭、花摊,以及自动售货机等都经过了详细规划,不但满足了实际零售需求,也刺激了空间活力和街头活动水平。其他为城市公共空间专门设计的配套设施,如新闻柱、可伸缩的遮阳天篷和资讯设

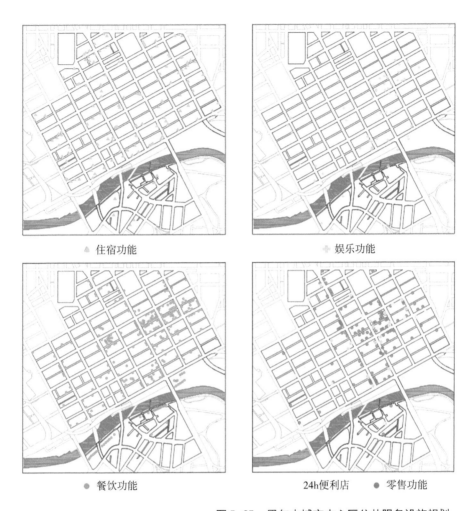

住宿功能   娱乐功能

餐饮功能   24h便利店   ● 零售功能

图 5-25 墨尔本城市中心区公共服务设施规划

施,对街道活力具有积极影响,也都经过了详细规划。此外,墨尔本还制定了一套城市家具设计标准,内容涵盖座椅、保护屏风、遮阳篷和花盆盒等各种公共物件,其目的是确保材料和装饰效果具有吸引力和耐用性,并能补充体现墨尔本自身的文化、特色。

除上述内容以外,相关配套规划还在整个市区引入了符合无障碍设计要求的一系列措施,具体内容包括婴儿车斜道、盲人地砖、残疾人停车位、扩宽的行人专用道、清楚的商店招牌、可听见的交通信号指令、无障碍与跨性别厕所,以及流动救助中心等。

另外,墨尔本市中心大约有 3 000 棵价值较高的景观树,这些景观树可以增加环境舒适度,吸收空气中的污染物,有利于创造一个更加生态的局部环境。为了进一步提高城市公共空间的健康性、舒适性,墨尔本制定了街景绿化设计标准,根据市议会确定的植树计划，市区道路平均每年植树 2 000 棵，主要地点包括行人通道、道路中央和交通环岛。其中，中央商务区内 30 米宽的主要街道被寄希望形成一个规则的、连续的树冠网络，以加强主要街道的形式对称性、规则性和景观尺度。由于狭窄街道上的种植空间较为有限，小街小巷则以各类较小的灌木为主，可为主次道路创造差异化的绿化效果，并微妙地强调地方特色。

2004 年，扬·盖尔受邀再次回到墨尔本，与墨尔本的城市设计和文化部门一起更新先前的研究成果。在与 1994 年制定的研究目标和研究方法保持一致的基础上，2004 年的研究区域扩大到了墨尔本十年间建立的新公共空间（图 5-26～图 5-28）。因为，在过去的十年中，墨尔本已经悄然成为一个充满活力的宜居城市，并因此保持了经济和人口的持续增长。

十年间，南岸区、码头区已经成为新的城市中心。在霍都网内部，越来越多的小型空间被开发作为休闲场所，进一步扩展了公共空间价值，如图书馆前广场、城市广场和联邦广场，这些公共空间鼓励人们在靠近他们生活和工作的户外环境中暂停、休息和观察城市。作为重要的公共场所，这些新空间需要被纳入研究范围之内。

等级A（高）
等级B（中）
等级C（低）

图 5-26　墨尔本城市中心区公共活动层级规划（1994 年）

图 5-27 墨尔本城市中心区公共活动层级规划(2004 年)

图 5-28 城市中心区道路功能规划 (2004 年)

以扬·盖尔的规划策略为基础,墨尔本在 2012 年、2015 年开展了多轮城市公共空间专项规划。在新规划中,人口构成、城市结构、建筑形式、土地用途、公共空间和步行交通六个组成部分被确定为理解墨尔本作为一个宜居城市的重要内容。

其中,人口构成的重点研究对象是墨尔本的各个社区,即那些通过场所或社会、文化和经济交流网络连接起来的社会群体,重点调查对象包括居民、就业者和学生。

城市结构包含街区形态、街道网络、地块构成及河流、地形地貌等自然物理特征和对城市结构具有重要影响的建筑形式、土地用途。城市结构研究是理解城市空间特征的关键,其规模和布局将从根本上影响建筑物的规模、土地使用和公共空间布局,并因此而决定一个城市是否适合步行。

建筑形式是指建筑物在高度、宽度、深度方面的物理形态和规模,以及建筑物在建筑细节方面的表达方式。建筑与公共空间的交互关系,以及建筑如何塑造人们对城市的体验是研究的重点。建筑形态对公共空间的日常体验有着重要影响,如果当建筑物被设计来容纳汽车时,大规模的车行入口、建筑与街道互不相干的交界面很难吸引或维持城市生活;如果建筑形式是小规模的、有丰富的土地用途和建筑细节,并设有多个入口和公共空间,那么这种建筑就具备更多吸引人的空间要素,这种建筑形式能提供社会和经济交流的不同机会,以及步行的特定目的(图 5-29)。

土地用途的多样性被认为是为步行活动提供高频率访问目的地的重要基础,对满足日常生活需要具有关键影响。土地利用模式对创造以居民活动为基础的城市功能交互关系特别重要,是一座城市产生空间经济、社会、文化混合生产力的主要途径(图 5-30)。

公共空间包括街道和商场、城市广场、公园和花园、滨河空间和绿色廊道等,是所有人都可以进入的社会交往空间。公共空间为城市生活提供了超越私有化建筑领域的户外环境,通常被解释为表达一个城市文化、价值或历史的重要载体。与此同时,街道、广场、公园和花园也为人们提供了社交、锻炼、休息的公共场所。在具有植物特征的地方,公共空间还可以起到优化生态环境的作用,为城市居民和工作者提供与自然的联系。与城市景点有关的公共空间则为游客提供了重要的旅游目的地,并能够为游客与当地人交往提供机会。大量研究表明,公共空间的设计、建造形式,及其与行人网络的连通性是影响其使用效果的主要因素,也是决定城市是否适合步行交通、是否有能力吸引和支持公共生活的重要基础。

2012 年,基于理解宜居城市内涵的上述六项内容,在对公共空间进行角色定位与功能分析的基础上,墨尔本完成了基于层级理论的公共空间类型界定,进而将城市公共空间划分为五个层级,同时提供了基于步行可达性的公共空间网络交通规划。

图 5-29　墨尔本南岸区建筑界面人性化设计

其中提出,在第一至第三级空间网络内建立 500 米半径可达的步行系统,在第四和第五级空间网络内建立 300 米半径可达的步行系统。与此同时,针对城市主干道、铁路线等导致空间障碍的重要节点地区,政府计划通过购买土地、转换功能等方法填补步行交通网络的缺失点。

　　在空间层级分类的基础上,墨尔本基于以下主导性原则规划了高质量的公共空间网络体系。

图 5-30   墨尔本公园公共艺术活动

①确定规划网络基础的构建原则，基于公共空间网络体系建设目标，在扮演关键角色的墨尔本市政府、维多利亚州政府、工业发展计划等相关部门与社会组织间建立共同协作的关系基础，并为此研究制定相应的规划管理规范。

②在为公共空间网络提供步行功能的同时，还需要逐渐完善网络更具多样性的空间功能。

③从适用功能设计的角度进一步改造现有公共空间，逐步实现公共空间生态功

能、自然属性与生物多样性特征的优化。

④将网络可达性规划面向所有人群,包含儿童与残疾人,将居住地、工作地至公共空间系统的步行时间控制在 10 分钟以内,并且要易于穿越快速干道与铁路等主要步行障碍物。

⑤新增加的公共空间应重点布局在人口高增长的城市新区及新规划的城市复兴地区(图 5-31、图 5-32)。

与此同时,新规划制定了与土地政策相结合的公共空间发展策略,其中最重要的一条政策是规定城市土地购买者的公共空间出让率应达到 5% 至 8%。其中,在土地出售面积快速增长和公共空间需求较大的西南部地区,以及城市中心区外围近郊地区,开发商的公共空间出让率应达到所购土地面积的 8%;购买除此以外的其他土地,公共空间出让率原则上应不小于所购土地面积的 5%。通过土地与财政政策相结合的公共空间出让计划,墨尔本保证了城市重点发展区域的公共空间规模能够与城市更新、人口增长和土地开发力度相适应。

图 5-31 墨尔本城市公共空间研究范围拓展

扬·盖尔为墨尔本带来的直接影响是显而易见的城市更新效果,其背后更为难能可贵的是,一种新的城市设计思维方式在墨尔本得到了实践的检验。事实也证明,这种逐步累积、有机更新的城市公共空间改造在墨尔本的确取得了巨大成功。十余年间,在相关规划策略被逐步实施后,墨尔本的城市环境吸引力和城市空间活力有了显著提升,通过城市公共空间改造收获了一系列好处,也引导墨尔本走上了以人性化城市设计思想驱动城市更新的发展轨道(图 5-33、图 5-34)。

指标水平　□较好　■平均值　■较差

指标	城市中心区（CBD）						滨水新城（Dockland）						南岸区（Southbank）		
	1 国会	2 墨尔本中心	3 弗林德斯大街	4 南十字星	5 维多利亚女王市场	6 旗杆	7 海港城	8 滨海港	9 巴特曼山	10 维多利亚港	11 南码头	12 雅拉河岸	13 博伊德	14 迈尔斯大街	15 南岸
人口密度指数															
居住人口数量	3 872	6 768	3 063	4 107	6 898	6 216	1 962	2 614	2 596	1 884	1 028	554	6 200	4 205	6 542
就业人口数量	57 436	46 509	51 319	56 801	13 955	38 813	4 257	11 386	27 559	23 093	16 582	1 159	18 181	7 299	21 450
居住与就业人口数量比 居住	6%	13%	6%	7%	33%	14%	32%	19%	9%	8%	6%	32%	25%	37%	23%
就业	94%	87%	94%	93%	67%	86%	68%	81%	91%	92%	94%	68%	75%	63%	77%
总人口数量	61 308	53 277	54 382	60 908	20 853	45 029	6 219	14 000	30 155	24 977	17 610	1 713	24 381	11 504	27 992
居住人口总密度（人/公顷）	102	145	77	101	155	140	60	93	69	88	46	28	136	106	180
居住人口净密度（人/公顷）	157	220	118	163	257	209	89	190	120	133	72	43	259	213	270
就业人口总密度（人/公顷）	1 506	100	1 294	1 376	314	875	130	406	731	1 077	740	60	259	184	590
就业人口净密度（人/公顷）	2 335	1 511	1 981	2 222	519	1 307	192	827	1 276	1 632	1 157	90	759	396	886
空间结构特征															
调查范围（平方米）	381 323	465 322	396 512	407 583	444 763	443 389	326 586	290 759	377 051	214 336	224 058	194 716	457 003	396 302	363 645
调查区域面积（平方米）	245 988	307 796	259 032	252 414	268 788	296 972	221 491	137 669	215 905	141 495	143 265	126 388	239 457	197 575	242 065
公共空间比例（%）	65	66	65	62	60	67	68	49	57	66	64	66	52	50	61
街区数量（个）	48	70	44	48	52	56	24	12	25	22	13	24	41	33	21
街区平均长度（米）	83.1	83.1	92.2	90.9	86.7	84.2	102.4	133.8	124.8	78.2	147.6	74.3	102.0	109.5	127.0
交叉路口数量	96	109	65	65	83	100	40	18	30	14	14	35	56	39	29
地块数量	297	441	289	156	331	242	52	30	49	23	17	35	109	57	66
土地开发利用															
开发地块数量	354	361	471	148	151	98	13	25	75	60	15	2	32	38	51
居住用地数量	11	19	28	46	63	9	15	105	35	31	69	277	194	111	128
办公用地数量	162	129	109	379	92	396	327	455	367	385	1 105	580	568	192	421
用地总数量	999	1 379	1 383	360	339	472	100	85	233	184	102	12	291	62	160
开发与用地总量比（%）	35	26	34	41	45	21	13	29	32	33	15	17	11	61	32
公共交通设施															
地铁站数量	1	1	1	0	0	1	0	0	0	0	0	2	0	0	0
电车站数量	5	8	16	7	7	9	2	3	10	3	5	3	7	6	4
电车线路	7	16	21	6	16	6	3	5	8	5	6	5	5	10	10
公交车站数量	6	9	7	3	7	14	2	1	8	6	6	4	4	0	4
公交线路数量	12	20	12	4	7	12	1	1	2	0	2	3	3	3	3
居民停车场	0.5	0.2	0.1	0.4	0.3	0.4	0.9	0.6	0.5	0.5	0.7	0.8	0.7	0.6	0.6
公共停车场	0.2	0.2	0.2	0.2	0.2	0.2	0.7	0.4	0.3	0.2	0.3	1.2	0.2	0.4	0.3
潜在开发空间															
潜在开发空间种类	6	8	6	6	6	5	5	5	6	6	5	3	5	5	5
潜在开发空间数量	9	7	9	9	12	7	8	11	11	12	6	4	3	5	3
可利用私有空间容量	17	23	12	12	8	13	16	14	15	14	13	3	14	14	14

图 5-32　墨尔本城市公共空间比较研究

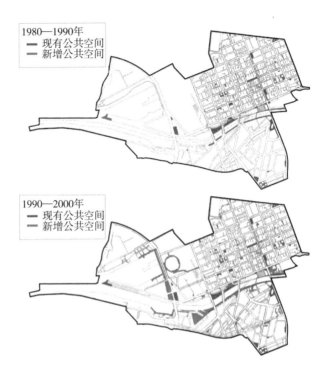

图 5-33 墨尔本城市公共空间增长情况（1980—2000）

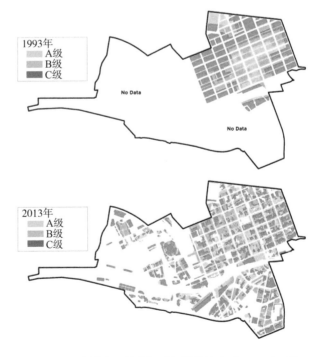

图 5-34 墨尔本城市公共空间层级质量演变（1993—2013）

同 1985 年《人性化的街道——墨尔本市中心活动区步行策略》相比较,墨尔本市政当局与扬·盖尔合作的《人的场所:墨尔本 1994》,其最大突破之一就是将研究范围从街道进一步延伸到了更广泛的各类城市公共空间。从此后的建设情况来看,继街道之后,墨尔本进一步对城市公园、城市广场、公共绿地、公共建筑等展开了一系列的人性化改造,这些空间都属于公共空间的概念和范畴。

扬·盖尔的城市设计实践拥有多要素共同发展的综合性理论基础,其目标不仅仅是提升城市建成环境的质量水平,更包含公共生活、社会文化等多维视角下的综合性城市发展内涵的理解。在城市复兴理论框架之下,从一种针对城市建成环境再开发的具体行动逐渐演变为以物质空间改造为引导,重塑城市经济、社会与文化活力的实现途径,城市公共空间的概念内涵在墨尔本获得了进一步的拓展。

城市公共空间更新是一个动态的、持续性的长期过程。与大规模、激进式的城市更新不同,20 世纪 90 年代以后,墨尔本的城市公共空间更新采取了一种小规模改造、延续性规划的新模式,由于改造力度相对"温和",这种模式一般很少涉及土地性质与用地类型的改变。随着一系列策略的逐步实施,自 1985 年至 2015 年的三十年间,墨尔本对城市中心区内约 48% 的公共空间实施了更新改造。

公共空间的品质提升与活力营造强化了霍都网作为一个公共活动密集、活跃区域的基本属性,使其从一个单纯的工作性场所变成了一个集居住、工作、休闲娱乐和开展日常生活于一体的场所,为墨尔本塑造了更具吸引力的社会文化与环境优势(图 5-35)。

1994 年至 2014 年的二十年间,墨尔本露天咖啡馆的数量增加了 275%,咖啡馆座位数量增长了三倍,与之相应的是,在公共空间消磨时间的人数也比 1994 年增加了两到三倍。在土地面积极为有限、地价成倍增长的现实条件下,墨尔本市区的公共空间总面积在 2015 年达到了 85 公顷①,同 1985 年的 27 公顷相比,公共空间增长率高达 315%,这是一个令人惊讶的发展速度。在面积和数量倍增的同时,各类公共空间也成为最受墨尔本市民与游客欢迎的公共生活场所,为这座世界宜居城市增添了无限魅力。

另外,调查数据还显示,从 2000 年到 2010 年,不仅是传统城市中心区,新的码头区和南岸区的人口数量也都不同程度地实现了大幅增长。在城市中心区,居住人口和就业人口分别增长了 40% 和 23%。在码头区,就业人口增长率更是高达 400%。根据城市发展战略,墨尔本不会在战略方向上做出改变,而是将继续坚守、继续巩固

---

① 1 公顷=10 000 平方米。

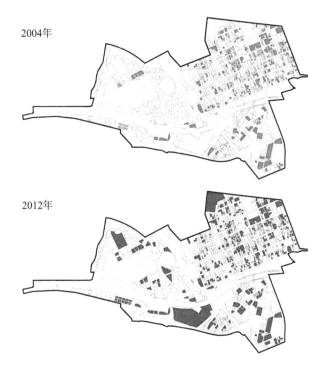

2004年

2012年

图 5-35   墨尔本城市中心区居住用地增长情况（2004—2012）

和不断完善过去数十年一以贯之的城市设计策略。未来，墨尔本仍将继续受益于公共空间主导的城市更新带来的人口、社会、经济的全面繁荣发展和环境舒适性、文化吸引力不断增强的所有好处。

6

新城市中心与新公共空间建设

在当代城市设计领域,墨尔本是一个广阔而丰富的试验田。回顾 20 世纪 90 年代以来的建设实践,城市空间一体化是墨尔本城市设计的新发展趋势和新实践方向。特别是在城市中心区,由于人口、环境、土地资源压力不断增加,土地集约化开发与空间一体化设计成为城市建设与城市发展的必然要求。可以说,墨尔本 21 世纪城市设计的一个突出特点是城市空间的整合与利用,即利用一个综合性的城市设计方案集合多元城市功能,解决多项城市问题,以此达到节约土地资源、降低经济成本、避免重复建设的综合性目标。

6.1 南岸区: 城市空间一体化转型实践

6.1.1 南岸区历史演变

南岸区地处雅拉河南岸,位于墨尔本中央商务区(Melbourne CBD)以南,雅拉河将其与北岸的传统城市中心区的霍都网分割开来,是墨尔本的一个新城市中心区,占地面积约 158 公顷。南岸区北临雅拉河,东临圣基尔达路(St Kilda Road),南临多卡斯街(Dorcas Street),西南面是国王街(Kings Street),并沿着西门高速公路(West Gate Freeway)的边缘向西延伸,其空间范围被河流、街道以及高速公路明确界定(图 6-1)。

在欧洲移民迁往南岸区定居之前,该地区曾是澳洲当地传统土著部落生活的滨水沼泽地,长期处于自然发展的状态。随着 1835 年霍都网的规划建设,雅拉河南岸开始形成用于接驳货运船只的码头(图 6-2)。为方便货物与人员进出,往北连接河对岸霍都网的圣基尔达路、向南通往墨尔本港海运码头的交通要道被陆续开辟建设起来,为南岸区的开发建设带来了历史契机。

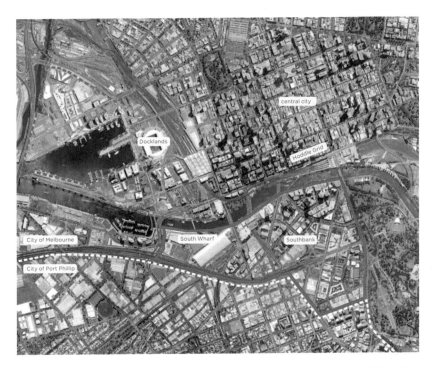

图 6-1 墨尔本南岸区行政范围

图 6-2 南岸区雅拉河码头景象（19 世纪初）

图 6-3　南岸区景象（20 世纪中期）

1854 年，连接墨尔本港的铁路建成后，沼泽地被逐渐填满，大量工厂开始入驻该地区，南岸区迅速成长为新的工业区。此后，雅拉河沿岸码头遍布，低矮的工业和仓储建筑占据了大部分区域（图 6-3）。1888 年，铁路线西移后，南岸区的工业、仓储、货运交通功能逐渐被更容易到达墨尔本港的码头区（Docklands）取代。

1900 年前后，随着皇后桥（Queens Bridge）等跨河桥梁与新道路的开辟，以及有轨电车的开通，南岸区再次成为墨尔本通往南部郊区的关键性通道。相较于被码头区取代的大宗货物海陆联运功能，因与霍都网仅一河之隔，具有显著的区位交通优势，南岸区被重新定义为进入墨尔本 CBD 的门户地区。

20 世纪 60 年代，随着维多利亚国家美术馆（NGV）、维多利亚艺术学院（VCA）等重点文化工程相继在区内落成，南岸区开始从传统工业区向新的文化艺术功能区转型。1997 年，维多利亚州与墨尔本市政府正式决定联手打造墨尔本南岸艺术区（Southbank Arts Precinct）后，澳大利亚当代艺术中心（Australian Centre for Contemporary Art）等一系列新的文化艺术机构陆续入驻，南岸区成为墨尔本建设文化艺术之都的重要阵地（图 6-4）。

图 6-4　南岸区今貌

20 世纪 90 年代以来,在强化文化艺术功能的基础上,一系列新的城市设计实践在南岸区展开并得到了具体实施,其中包括赢得 1991 年 RVIA 城市设计奖的雅拉河上的人行桥(Evan Walker Footbridge)、南岸步行道(Southbank Promenade)等代表性城市设计项目。

半个世纪以来,由于独特的区位优势,南岸区的开发与转型发展是墨尔本城市中心区对外扩张的必然选择。尽管早已成长为新的城市中心,然而,在地理区位、城市肌理、公共环境等各个方面,南岸区与墨尔本的传统城市中心区都有着很大的区别,南岸区也因此一直被视为一个相对独立的地区,在城市设计层面,这种差异体现在城市历史文脉、城市空间肌理、城市开发模式的显著不同。

6.1.2   城市空间一体化实践背景

20 世纪,建筑与城市设计领域声势浩大的现代主义运动对墨尔本的城市空间格局演变产生了极为深远的影响。特别是 20 世纪 30 年代至 60 年代,现代主义形式简约的城市设计手法结合高层建筑与立体交通的城市设计模式主导了现代主义理论引导下的城市扩张运动。在此过程中,现代城市设计以建筑物及其空间功能组织为核心,忽视了对公园、广场、街道等城市公共空间社会价值的尊重和发展。斯坦福·安德森(Stanford Anderson)认为:"现代主义建筑设计与城市设计的主要问题之一就是建筑物之间的空间缺少设计,这是现代主义建筑运动的特别产物。"史蒂夫·彼得森(Steven Peterson)指出:"事实上现代空间就是反空间,由形态各异的空间形成的街道、广场和城市空间因反空间的存在而被抹杀……,这就导致了城市空间的破坏甚至最终丧失,而这样的结果在我们周围比比皆是。"

戈登·库伦(Gordon Cullen)认为,对于每个人来说,城市是一个可塑的体验对象,城市环境需要从一个运动中的人的视角进行规划设计。他更是用"荒漠规划"描述了现代主义以功能组织为核心的规划结果,即"工具理性"、"围合" 和"速度"。在这种情境下,城市公共空间作为社会文化载体的地位被逐渐瓦解,一种被包裹的、具有纯粹"实用功能"的物质空间被迅速地建设起来,城市公共空间因此丧失了与社会结构的关联性与互动性,这种关系的丧失不仅导致空间本体的破碎,更带来社会文化的衰落(图 6-5)。

在现代主义之前,因注重整体构图和系统布局,墨尔本的城市空间呈现出较完整的网络结构。放大到城市宏观层面看,现代主义建筑设计产生的最大负面作用之一是建筑物与建筑物之间的孤立,这导致城市建筑处于相对独立甚至对立的一种状态。伴随着现代主义建筑设计的全面实践,自 20 世纪中期开始,墨尔本也发生了巨大改

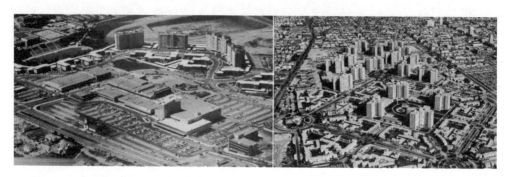

图 6-5　美国旧金山、洛杉矶 20 世纪中期现代主义住宅区

变,标准化的功能片区、空间节点和立体化的交通系统成为可复制的设计模板,传统的城市空间肌理和结构特征很快消失了。

　　尤其是 20 世纪 70 年代,在以南岸区、码头区为代表的城市新开发地区,墨尔本按照大宗土地用途进行区划调整和片区开发,配合大规模、激进式的城市改造计划,将城市用地划分为相互隔离的较大型的城市功能区,导致居住、工作、生活、休闲娱乐等具有紧密联系的城市功能相对分离。人为制造功能分区,没有考虑城市空间与社会功能的内在有机联系,因此难以在有限的土地资源上实现城市空间多元社会功能的协同发展。

　　当时,在巨大的城市地块中放置大型单体建筑的城市设计理念在美国各大城市得到广泛实践,其中具有代表性的洛杉矶等城市因此而建立了一种机械的空间秩序,即城市空间的复制与无限延伸。正因如此,美国的许多城市没有形成融合社会生活的公共空间。

　　一个典型的失败案例是 20 世纪中期美国密苏里州圣路易市建设的普鲁伊特－伊戈住宅区(Pruitt-Igoe Housing Complex)。

该项目建设了 33 座高层蜂窝式住宅楼,从土地利用率的角度看,这种建设方式十分高效,但其空间结构却容易造成区域内部的社会衰退——孤立的建筑物使公共空间乏味无趣,影响了社区活动的开展,导致空间活力很低,贫困、犯罪和种族冲突盛行。在社区居民强烈的反对声中,项目建成 17 年后被炸掉(图 6-6)。

图 6-6　被炸毁的美国普鲁伊特-伊戈住宅区

　　普鲁伊特－伊戈住宅区采用的是经

典的柯布西耶手法,虽然在当时获得了多项设计大奖,但这些建筑却因忽视了建筑与外部环境、公共空间的紧密关系而以失败告终,普鲁伊特－伊戈项目也因此成为美国城市更新计划失败的一个典型缩影。

正如卢森堡建筑师莱昂·克里尔(Leon Krier)所说:"事实证明,现代建筑的形体和象征意义是贫乏和空洞的,这不是建筑本身应该有的,经历了欧洲历史中最黑暗、最具毁灭性的时期之后,面对建筑对城市造成的破坏,我们必须反思其背后的原因。"美国学者罗杰·特兰西克(Roger Trancik)也通过对列宁格勒的罗西大街和瑞典维斯比大街的比较分析发现,在优秀的城市设计项目中,公共空间设计都比单栋建筑的设计和布局更为优先,因为这有助于建立城市空间形态与场地活动的结构联系。

日本建筑师桢文彦讨论了城市空间复合链接的形态观点,并指出建筑组群与空间形态、生活方式是紧密结合的。例如,在一个村落中,民居形式构成了村落形态,村落形态影响民居形式,而居民的日常生活方式则是民居形式和村落形态的重要影响因素。民居形式、村落形态与生活方式三者之间是一种循环式的相互影响关系,在这种三重关系网中,个体可能改变,而空间的建构逻辑不会改变。这样的原理同样可以用来解释复合型城市空间建立的依据,以及城市建筑、城市空间、城市社会结构三者间的交互关系。

城市设计学家凯文·林奇在《城市意象》(The Image of the City)中提到,节点是城市观察者能够进入的、具有战略意义的城市空间,是人们往来行程的集中焦点,它们首先是连接点、交通线路中的休息站、道路的交叉或汇聚点、从一种结构向另一种结构的转换处,也可能只是简单的聚集点,但由于节点是某些物理功能或物质特征的浓缩而显得十分重要,比如,一处街角集散地或者一个城市广场,作为节点能够成为一个区域的中心,其影响由此向外辐射,它们也因此成为区域的象征,被称为核心。

从以上理论思考中获得的重要经验是城市建筑应该从属于整体蓝图,也就是说,建筑的比例、形式与内容,应当与城市空间和谐统一。作为特定的城市结构和功能体系,公共空间可以在由实体建筑与虚体环境共同组成的城市空间系统中较好地扮演节点、引导与连接建筑的角色。例如,美国佐治亚州花园城市萨凡纳(Savannah)就在规划中遵循了城市最初形成的四个街区样本,将每个街区设计为四十多个居住街坊、一个围合性中心公园和四个公共建筑的空间单元,通过建立与社会结构相对应的空间等级关系引导城市增长与拓展(图6-7)。

萨凡纳这种城市规划方案在美国并没有类似的实践模板,大多数美国城市是将方格网作为促进城市扩张的手段,但萨凡纳却将方格网作为构建城市公园体系的主要手段,成为公园城市建设的经典案例。以城市规划为手段,萨凡纳利用城市公共空

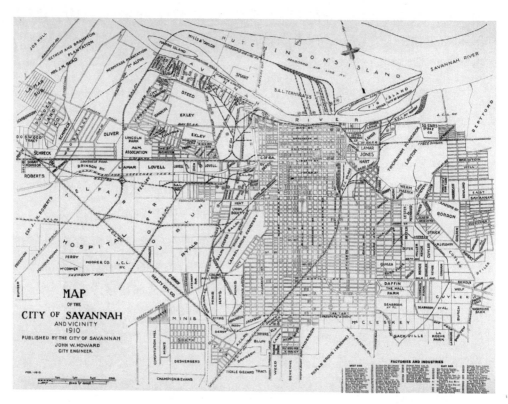

图 6-7　美国萨凡纳花园城市规划

间连接了相对分离的居住区、公共建筑与城市公园,实现了多个城市空间系统的综合化、一体化,为城市规划提供了一种具有参考价值的设计模式,对整合城市公共空间系统具有积极的借鉴意义。

　　正是在对现代主义进行反思的基础上,墨尔本逐渐转变城市设计思维,不再将建筑与城市看作相对独立的空间体系,而是将城市设计实践转向了二者的有机联系与结构互动。在上述背景下,墨尔本在南岸区开展了城市设计新理论、新方法的实践探索。探索过程中,无论是公共空间还是建筑空间都越来越关注自身与城市的内在关系。很显然,将城市设计实践转向有机联系与结构互动,墨尔本试图从新的城市空间视野里审视南岸区的发展方向。

　　可以说,是建筑设计与城市设计的双向互动催产了墨尔本南岸区的城市空间一体化实践。作为一种城市设计理念,空间一体化的本质在于城市建筑与公共空间的整体设计,二者之中,建筑设计需要服务于城市公共空间系统的形态、结构与功能,由此,公共空间在城市设计体系中扮演了更重要的角色,城市设计努力通过空间要素、空间边界、交通组织构成一个连续的、具有连接性的公共空间系统,使城市空间网络更有效地发挥功能。在墨尔本南岸区,新的城市设计实践就尝试通过链接建筑要素的空间图底关系,表达一种开发空间功能、激发空间活力的新城市设计模式。

墨尔本传统的城市公共空间(如广场、公园、绿地等)往往是"较纯粹"的独立空间,它们与其他城市空间、城市建筑的边界联系较弱。这种建设模式忽视了城市公共空间与居住、交通等其他城市功能的多层次联系。虽然公共空间本身具有一定的独立性,但这种独立性是相对的,公共空间可以也应该与其他城市空间相互依存、相互补充。从这一角度来说,边界清晰的公共空间过于独立,而与居住、商业等城市建筑结合的公共空间能够形成一种边界模糊、与其他城市功能融合、具有聚合增值意义的新公共空间概念,这种状态能够进一步拓展城市公共空间自身及其周边空间的综合价值。

另外,城市空间开发朝向一体化方向发展的大趋势也增加了新城市公共空间形态出现的可能性。在这种趋势下,城市中开始出现以公园、公共绿地为空间开发主体,与周边地块整合设计,以及依托城市街区、城市综合体进行一体化设计的新型城市公共空间。无论是以城市公园还是以城市综合体为依托,作为满足城市发展与社会生活需求的创新探索,以城市空间综合利用以及城市功能叠加拓展为目标,城市公共空间都有可能孕育发展出新的空间模式。

从国际视野看,20世纪90年代以来,城市空间已经发展到了土地综合开发的高级阶段。现代城市希望通过综合性的土地开发模式获得经济与社会效益的平衡。这种城市设计实践也出现了一些代表性案例,如位于法国巴黎西北部的拉德芳斯(La Défense),其以空间一体化概念进行城市设计,建成了由丰富的小块公共绿地串联的、融合了商务、住宅、办公、娱乐、休闲功能的综合性城市功能区,区域内各种资源互相影响、互相作用,使拉德芳斯在较小的用地范围内成为巴黎具有完备功能的综合性城市中心(图6-8)。从拉德芳斯的设计实践中可以看到,在宏观层面上,城市将以土地空间一体化开发为主要方向,那么中观层面的公共空间建设需要与这种城市设计理论相适应,更好地承接城市整体设计的具体要求。

城市空间一体化设计的根本目的在于通过复合、集聚等手段提高土地资源的利用价值和空间资源的使用效率。南岸区的城市空间一体化实践保障了墨尔本内城的继续生长和可持续发展。实施城市更新后,南岸区明显开始向空间价值复合化、城市功能集约化的新方向努力发展,新的城市空间结构表达了墨尔本希望将多种城市功能集合在一定地理区域范围内,由此建立一种相互依存、相互助益的空间能动关系,形成一个多功能、高效率、复杂而又统一的空间集合体,从中获得良好的经济效益、社会效益和环境效益。

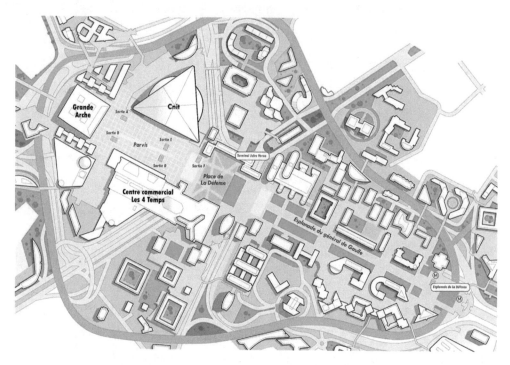

图6-8　巴黎拉德芳斯公共空间

　　吴良镛先生在广义建筑学理论中提出，建筑的领域是人的全部物理环境的广义建筑空间观，建筑空间由个体层次组合扩展到群体层次，然后由群体层次扩展到城市层次，最后一直扩展到人的全部物理环境。欧洲一些经典的实践案例也表明，在城市设计层面，公共空间比单体建筑设计要更为优先。与墨尔本一样，许多欧洲城市也希望改变现代主义主导的建筑观和城市观，从强调城市整体环境设计的角度进行建筑设计，让建筑与城市更紧密地结合。

　　在墨尔本南岸区，建筑空间与城市空间相互融合、相互渗透带来的一个显著变化是城市公共空间的界限越来越模糊，这在很大程度上改变了传统城市空间的结构关系和图底关系，在城市设计实践过程中，公共空间的概念和内容也开始发生巨大改变。总的来说，在墨尔本南岸区，新的城市公共空间能够更广泛、更深入地触及城市社会结构与城市生态系统的方方面面，各类城市公共空间也由此演变为一种多层次、多要素复合的城市开放网络，其所承担的职能大大突破了传统的功能辐射范畴。

　　例如，南岸区在新的城市开放空间中大力引入娱乐活动、文化沙龙、音乐演出以及教育科普等一系列城市功能，这些功能以往都是由建筑内部空间承担的。作为一种本就应属于全民共享的社会服务资源，在新的公共领域和社会视域下，各类城市公共空间成为南岸区公共文化、艺术生活的核心与主体。

6.1.3 南岸区的公共空间规划实践

解读墨尔本 2000 年以来的规划实践,不难发现,借鉴霍都网长久以来的理论实践经验,结合城市发展新的时代诉求,以城市公共空间为主要载体,依托《南岸区规划 2007》(Southbank plan 2007)、《南岸区空间结构规划 2010》(Southbank Structure Plan 2010)等专项规划策略,南岸区开展了一系列的城市设计实践,助推了城市空间一体化战略思想的实施(图 6-9)。

图 6-9   墨尔本《南岸区空间结构规划 2010》

经过持续多年的城市开发与城市更新,南岸区成为墨尔本城市中心的新组成部分,然而,区内的公共环境质量仍然对比鲜明。建设南岸区的努力主要集中在雅拉河沿岸及其周边地区,雅拉河南侧滨水空间与对岸的霍都网作为城区的共同部分,承担了城市发展政策的核心预期目标。而在远离雅拉河的其他地区,道路仍以汽车通行为主,街道生活匮乏,步行路线不连续,公共开放空间不足。

重塑南岸区的行政力量来自维多利亚州政府、墨尔本市政府,以及南岸区地方政府。自 20 世纪 80 年代起,三级政府共同发起了将南岸区重新定义为重点城市更新地区的一系列规划行动,寄希望于促进多元化城市功能与高质量城市环境的平衡发展与融合发展(图 6-10),将南岸区打造为墨尔本首屈一指的文化艺术娱乐区和高质量的中心城市住宅区。

图 6-10   南岸区城市空间肌理

维多利亚州政府的目标是确保墨尔本的城市设计实践及其管理方式能够与城市增长、城市转型与城市可持续发展相适应。其中,《墨尔本2030可持续发展规划》(Melbourne 2030: Planning for Sustainable Growth)提出了维多利亚州政府的远景目标和长期计划,为墨尔本的城市发展和城市设计管理提供了规划框架。其中,与南岸区空间结构及其功能规划相关的主要内容包括:

①建设更紧凑的城市——墨尔本中央商务区仍将是墨尔本最大和最重要的城市公共活动中心。

②建设更繁荣的城市——墨尔本中央商务区继续作为墨尔本商业、零售业和娱乐业的核心。鼓励在墨尔本城市中心(包括南岸区)适当发展高层混合住宅、开发商业服务功能。

③建设更绿色的城市——城市设计需要融入对水、能源、空气质量的管理,重视维护生物多样性,坚持可持续发展。

④建设更优质的交通系统——在墨尔本城市中心(包括南岸区)为市民提供更安全和更有吸引力的步行系统和交通路线。

在这些计划下,南岸区将成为具有很大发展潜力的城市中心区域,其主要优势包括:除了私有土地之外,南岸区仍有一定数量的公有土地,能够为区域发展提供土地资源和开发动力;南岸区的一部分城市用地因基础设施建设的滞后而被长期闲置,具有较大的开发潜力;铁路沿线及周围地区仍有大量未开发土地以及适用于功能置换的老旧厂房;南岸区现有公共服务设施已普遍老化,公共服务设施的更新换代应根据不断变化的需要而做出调整;作为相对独立的行政区,南岸区具有一定的行政制度优势。

在吸引人口方面,南岸区自20世纪90年代进行了大规模的高层住宅开发,区内常住人口由1996年的2 239人增至2004年的6 754人,大部分增长人口是15至29岁的年轻人。与墨尔本其他地区相比,这里的居民普遍受过高等教育,人均收入也较高。

与霍都网相比,住宅、办公和商业建筑在南岸区建设用地中的比例相对均衡,其中住宅在总建筑面积上占主导地位,文化娱乐功能则是南岸区新的就业增长点。2005年,南岸区已经吸引了三万多名新增就业人口,是居住人口的五倍。

除了就业人口,推动该地区社会经济发展的还有游客。南岸区大多数的艺术设施主要集中在圣基尔达路边缘,包括维多利亚艺术中心、维多利亚国家美术馆、墨尔本演奏厅、墨尔本戏剧公司等。娱乐设施则集中在雅拉河南岸,包括皇冠娱乐中心、南门购物中心、墨尔本会展中心等。上述这些区域每年都吸引了大量国内和国际游客(图6-11)。此外,墨尔本国际艺术节和新年庆典等大型活动也会吸引大量观众。这些源源不断的游客为南岸区,尤其是雅拉河边的咖啡馆、餐厅、商场、酒店提供了强大的消费支撑。

维多利亚艺术中心　　　　　　　墨尔本会展中心　　　　　　　维多利亚国家美术馆

图6-11　南岸区的代表性公共建筑

作为居住、消费、社会活动的集中区域,南岸区的公共空间与公共环境是保障墨尔本社会、文化、经济和居民生活持续繁荣发展的基本要素之一。如果公共空间与公共环境不够理想或功能失调,城市生活就会受到显著影响。以往,南岸区的公共环境质量较差,私人土地上的建筑与公共空间脱节,对于生活和工作在南岸区的城市居民来说,以下几个方面的问题导致公共环境层面的价值认同感非常低。

一是公共环境质量较差。在南岸区这样的高密度地区,高质量的公共环境尤为重要,然而由于历史原因,南岸区的公共环境没有发展到满足其居住和娱乐功能的基本标准。

二是在南岸区,霍都网的历史经验表明,墨尔本改善城市公共空间的设计标准与设计方法只得到了部分实施,特别是街道作为城市公共空间的环境质量没有得到普遍提高。

三是私人土地开发对公共环境的贡献十分不足。

四是建筑和街道之间的界面相对独立,难以支持开展丰富多样的公共生活与社会交往活动。

五是南岸区的重大基础设施项目与城市公共空间结构、形态、功能的组织关系欠佳。

更为重要的是,步行交通应该作为南岸区首选的出行方式和具有特殊价值的休闲形式,因为区域内主要的绿色城市交通需要依赖步行系统的优化发展,尤其是随着城市空间密度的不断增长,步行的重要性和多重效益显著增加。

　　实际上,南岸区拥有极具潜力的步行环境,由此步行 10 分钟即可到达雅拉河岸、墨尔本 CBD、南墨尔本地区和广阔的城市公园。适度的区域规模、良好的公共交通服务,以及相对灵活的地形地貌都预示着步行是南岸区十分理想的出行方式和具有价值的休闲活动(图 6-12)。

图 6-12　南岸区雅拉河滨水景观

　　然而,南岸区大部分的交通方式并非步行,远离河边的街道上几乎没有行人活动。与霍都网有序的街道网格形成鲜明对比,这里步行网络、步行环境的舒适度普遍较差。复杂的机动车行驶系统和停车规定进一步抑制了人们到达该区域的积极性。大多数街道的结构设计和使用管理以满足和提高机动车通行效率为目标,人行道狭窄、人行横道面积有限、过街信号灯等待时间过长、机动车行驶速度过快,大面积的停车场不仅危险而且影响城市形象。

　　造成上述种种不利情况的原因与南岸区的基础条件密不可分。行走不便主要与三个方面的障碍相关:一是南岸区被主要的交通路线分割为相互独立的几个大型街区;二是道路系统、街区划分和建筑体量对步行具有明显的限制性;三是少量步行路线缺少环境吸引力,并且很容易使行人迷失方向。

　　除此以外,还有建筑的孤立问题。良好的城市舒适性特征来自单体建筑的组合设计,以及建筑与毗邻公共环境之间的相互支持关系。然而,南岸区的高层住宅和公共建筑都倾向于独立开发,大多数建筑项目很少关注周围的城市环境质量,高层建筑对街道阳光、风向和阴影的显著影响,以及邻近建筑物之间的距离、视觉私隐等问题都会影响人对公共空间的选择概率。

提供优质的公共空间与公共环境为一系列公共活动服务,对提高空间福利意识和促进城市健康发展十分必要。长期以来,在南岸区生活、工作的广大民众都表达了对建设一个功能良好的、人性化的新城市中心的强烈愿望。通过城市设计满足民众意愿成为南岸区可持续发展的主要任务。

在上述背景下,带着对城市公共空间及其公共环境优化发展问题的深度理解,《南岸区规划2007》提出一个概念性的城市设计框架,形成了以下六条城市设计原则和与之相应的规划策略。

①创建完整的步行网络。创建一个贯穿南岸区,并与周边地区紧密相连的、便捷的、吸引人的、安全的步行网络。

②提供更优质的公共空间。提供一个结构清晰的、易于到达的公共空间系统,为市民参与娱乐活动、进行社会交往提供多样化的机会。

③鼓励不同用途的城市空间互补组合。南岸区土地资源的利用应该是多样的、互补的,城市空间需要在公共环境中产生交流和互动的公共行为,从而促进城市空间活力得到显著提升。

④鼓励高质量的建筑设计。建筑应该提供一个积极的毗邻公共环境的建筑界面,与邻近建筑及公共空间进行形式组合与功能互动。

⑤改善绿色交通网络。街道网络的设计管理应该在机动车交通与可持续发展的公共交通方式之间,以及交通网络的地方性和区域性功能之间取得更好的平衡。

⑥协调停车场数量与入口位置。南岸区的停车场供应需要平衡汽车与行人的可达性,为高密度城区创造更人性化的公共设施网络。

规划策略一:创建更完整的步行网络

①改善现有步行路线,遵循通用的步行交通设计原则,为行人提供更优质的步行空间,优化整个南岸区的街道景观,设计更活跃的临街建筑界面,尽可能减少机动车道与人行步道的交叉。

②拓展新的步行路线,建立起串联公共服务设施和毗邻地区的新步行系统,在大型建筑综合体之间重新设计更清晰的步行路线,并连接已有的重要步行路线节点,为步行通道质量太差而无法使用的地区辟设新步行路线,在这些路线(包括区域内的各

类城市道路)上增设新的十字路口。

③明确城市设计支持步行发展的方式方法,包含规划清晰流畅的步行路线,加强街道景观的视觉层次与吸引力(图6-13),设计行人可见的地面标识,增加步行导视系统的易读性,完善多语言标识系统,增加临街建筑入口标识并明确表达其使用功能。

图6-13　南岸区连接CBD的步行桥设计

规划策略二:提供更优质的公共空间

①创造新的城市公共空间,为居民和游客提供更广泛的、被动和主动的双重娱乐机会。构建完整的城市公共空间更新策略,从内部需求和对外服务两个方面评估公共用地需求,分析公共空间供应量与可达性,提出获取及发展公共空间用地的长远策略。获得用于建设公园和广场等标准化公共空间专用土地的同时,改造未充分利用的和无法轻易开发的公有土地,将其与周围的城市环境结合起来,通过开放共享空间使用权吸引公众。

②改善公共空间可达性,改造南岸区既有的各类城市公共空间,提高民众户外活动的舒适性和安全性,更好地提供多样化的娱乐机会,增加居民社会接触、交流互动概率。

③探索街道作为公共空间的可能性,南岸区的许多街道仍然展现着20世纪的工业特色,狭窄的人行道、架空电线和缺失的服务设施,这些影响因素都需要升级改造以适应南岸区的新城市发展定位。

④优化公共空间使用管理规范,开发新的公共空间管理项目,改善空间使用效率,通过管理促进更大范围的空间开放使用。

规划策略三:支持多种用途的空间互补组合

①鼓励用地功能混合开发。南岸区需要通过用地功能互补促进公共环境产生社会交往和互动的机会,促进南岸区城市空间活力持续提升(图6-14、图6-15)。用地的功能混合是墨尔本城市规划政策的明确意图,其主要目的之一是利用零售、小型办公等不同用地性质的兼容设置优化沿街建筑功能,为当地居民提供日常服务。然而,南岸区大部分沿街用地的传统开发模式并没有提供这种混合功能。造成这种局面的主要原因,一方面是建筑设计受市场对住房需求特点的显著影响;另一方面,临街商铺的开设也在很大程度上受到制度政策的限制,如高额税收制度的抑制作用就很明显,因为在人口稀少的城市新区,人流量不足,租金廉价,开发商不愿意为这些区域提供临街零售店铺。然而,随着当地人口的进一步增加和公共环境的持续改善,人流量与公共活动水平将会明显改善,建筑设计需要适应这一趋势,使活跃的临街零售成为可能。

现代滨水空间
后现代滨水空间
公共艺术区
城市中心区
南岸村
维多利亚兵营
商业和仓储用地

图 6-14　南岸区城市功能分区

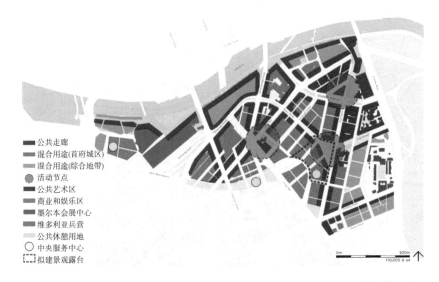

公共走廊
混合用途(首府城区)
混合用途(综合地带)
活动节点
公共艺术区
商业和娱乐区
墨尔本会展中心
维多利亚兵营
公共休憩用地
中央服务中心
拟建景观露台

图 6-15　南岸区混合用地功能规划

②整合不同类型的城市用地,不应将南岸区的城市居民、公共机构和其他使用者视为相互孤立的群体,应致力于不同类型城市用地功能的进一步融合,如将文化艺术机构扩展到社区(如赞助艺术家工作室,利用公共空间举办公共艺术活动等),以及鼓励住宅建设纳入混合用途开发项目(如在公寓住宅内引入公共娱乐设施等)。

③填补公共活动与社会支持的空白。南岸区现有公共服务设施不足以满足日益增长的人口发展需求。在更新既有城市公共空间的同时,还需要依托新城市开发建设项目扩展新公共空间。同时,这些新公共空间需要被设计在方便大部分居民步行到达的范围之内,由此形成集中在中心区域的公共空间核心。

规划策略四:鼓励高质量的建筑设计

①建筑物应尊重邻近建筑物,并为毗邻的公共环境提供有吸引力的界面空间。南岸区的所有开发项目都应面向街道和城市公共空间,建筑应设有活跃的临街界面和可俯视街道的立面。

②建筑设计需要在高密度的城市发展进程中保持环境舒适度。在环境方面,混合用地区域的居民很难享有同独立居住区居民一样的环境舒适度,在很多现代化程度高的大城市都存在这个问题。高密度和高层住宅开发提出了与低层住宅不同的空间议题,需要通过制定专业政策加以解决。

③确保公共建筑设计符合城市设计标准。应基于城市设计准则制定建筑设计、建筑保护相关细则,公共建筑设计需要与南岸区街道的更新设计相结合,创造更多的步行空间,同时容纳一定数量的街道设施,以满足不同人群的使用需求(图6-16)。

■遗产建筑
■遗产拓展区

①波利·伍德赛德
②罗布尔
③JH博伊德女子高中
④琼斯邦德商店
⑤墨尔本音乐厅
⑥维多利亚艺术中心
⑦维多利亚国家美术馆
⑧前维多利亚警察局
⑨维多利亚艺术学院
⑩维多利亚兵营

图6-16　南岸区建筑保护规划

规划策略五:改善绿色交通网络

①优化机动车交通管理规则。南岸区交通十分拥堵,街道网络的设计和管理应该在私家车和公共交通、步行和骑行,以及在本地交通功能和区域交通功能之间取得更好的平衡。《墨尔本2030可持续发展规划》制定的明确目标之一就是减少机动车规模,增加公共交通使用频率,鼓励步行和骑行。基于该目标,南岸区需要调整机动车道的宽度和容量,重新设计交叉路口,改变行人难以穿过街道的现状,减少行人在交通信号灯前的等待时间,将街道转变为更安全的城市公共空间。

②支持公共交通发展,提高步行接驳通道的舒适性和安全性,在进出中心城市的重要路线上,确保公交、地铁和有轨电车享有优先使用权,在高峰期和周末为有轨电车提供专用通道。

③支持建设骑行系统,改善南岸区和周边地区的骑行环境,为骑行者提供便捷的交通路线,提供专用自行车道或宽阔的路边车道,并采用适当的专业管理技术确保南岸步道骑行的安全性。

规划策略六:协调公共停车设施

①限制机动车停车位供应量。南岸区商业停车场有近1.2万个停车位,私家停车场有约0.5万个停车位,街道有0.3万个路面停车位,预计城市更新后将提供更多车位。南岸区的停车需求高峰与区内的娱乐活动和文化活动有关,虽然南岸区占据了墨尔本市区商业停车场的最大份额(21%),许多人仍然认为当地停车位不足,娱乐场所的不断发展会进一步加剧这一情况。但城市发展不是一味地满足机动车的需求,而是应该通过提升步行环境质量,适当限制机动车停车位的供应量,鼓励人们在城市中心区步行活动。

②改善现有停车位使用效率。首先,停车场应允许不同用户共享停车位,停车位共享范围越广,每个车位的利用率就越高。将现有商业停车场每周租用七天的车位改为工作日租赁,可以在不建造更多停车设施的情况下满足周末停车高峰的需求。其次,南岸区附近地区停车场的规划建设应考虑如何使居民和游客更容易到达,并提供人性化的公共信息、道路标识,以及设定优惠的开放时间和收费标准。此外,一部分私人停车场没有被允分利用,也可以通过协调管理机制,以商业化的形式向公众开放。

③科学管理路面停车。停车后的短暂步行有助于街道产生潜在社会活动,从而改善出行吸引力。在停车受到限制的路段,路面停车位需要优先为附近居民提供支持,使其能够享受停车后的步行体验。与中央商务区不同的是,南岸区的大部分居民都获得了街头停车许可证,因此,路边停车位的规划还应适当向货车及出租车倾斜。

随着《南岸区规划 2007》《南岸区空间结构规划 2010》等一系列规划策略的制定与实施,在南岸区,尤其是区内最为核心的滨水步道形成了一个特色化的公共空间区域。沿着雅拉河上的人行通道步行三分钟即可从霍都网到达 40 米宽的南岸滨水步道,该步道的区域界限并非由传统的道路边界确定,而是与南侧的一系列公共建筑界面交错融合,形成了没有明确空间边界的公共区域。

在雅拉河南岸,河流带来的开放感和"柔软边界"创造了一种既与建筑功能融合,又与自然环境互动的城市客厅,与此同时,这里的天际线又与雅拉河对岸中央商务区的城市界面积极呼应,为墨尔本增加了一处极具视觉化的城市景观形象。

通过以公共空间、公共环境为主要载体的城市空间一体化实践,21 世纪以来,南岸区已经转变为由大型完整空间组成的新城市形态结构,南岸区也由此成功转型为兼具文化、艺术、商业以及休闲娱乐功能的新城市中心,与隔河相望的霍都网共同构成助推墨尔本城市功能优化发展的核心动力。

6.2　码头区：混合功能开发与新滨水空间

6.2.1　码头区功能转型

码头区是墨尔本的滨水新城市中心,位于城市中央商务区(霍都网)以西约 2 公里的雅拉河两岸,面积约 190 公顷(包含 146 公顷土地和 44 公顷水域面积)(图 6-17)。

图 6-17　墨尔本码头区今昔对比

在墨尔本建市之前,码头区是莫尼溪进入雅拉河的一片沼泽湿地。19 世纪中期,该区域逐渐被新发展的工业用地与运输用地占据,主要土地用途包括码头、货厂以及铁路站场(图 6-18)。这一时期,通往码头区的铁路建设支持并见证了墨尔本工业扩张的历史进程。

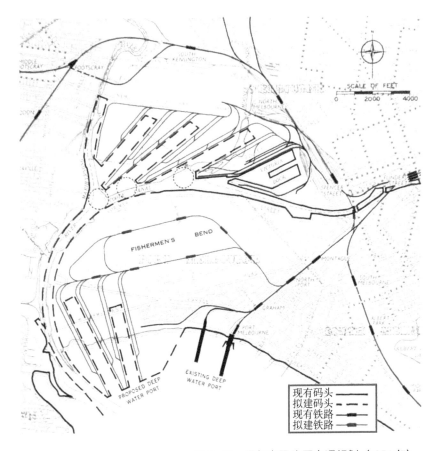

图 6-18　墨尔本码头区交通规划（1954 年）

　　码头区最早的大规模开发意愿始于 19 世纪 70 年代，当时的规划构想是将霍都网沿着雅拉河向西延伸，将城市中心区面积扩大一倍。该计划提出了延续霍都网空间肌理特征的网格状规划方案，结合地理特点与公众需求，当时的规划方案中包含了公共花园和中心水系等公共空间建设内容。然而，由于多种原因，该方案未能实施，取而代之的是中心区向北扩展的城市发展战略。

　　19 世纪 80 年代起，一系列重大工程项目开始改变雅拉河的自然流线，下游河道的清淤和拓宽扩大了雅拉河的航运能力，码头区也因此修建了新的航运码头，附近南十字星火车站（Southern Cross Station）周围的轻工业企业得到了迅速发展。

　　20 世纪的码头区曾经是墨尔本最繁忙的港口。但 20 世纪 50 年代起，维多利亚州大力建设海运码头，引入集装箱货船，菲利普港得以迅速崛起，内河码头以及墨尔本 CBD 以西的大量土地则逐渐被废弃。此后，码头区经历了一段萧条时期，直到

20世纪90年代,码头区才因新时期的公共活动与社会事件再次引人注目(码头区曾因地下舞会、同性恋聚会等活动而闻名)。

墨尔本传统型的城市公共空间,如公共花园、林荫大道以及大学校园作为构成公共空间网络的重要基础,其历史风格需要得到保护。但在码头区,新城市中心需要具有现代特征与时代气息的新公共空间。与霍都网不同的是,码头区有条件创新设计模式,能够根据区域人口发展与生活需求预测、完善空间多样性,逐步建立公共空间与城市功能更多纬度的联系,使公共空间成为提供现代休闲、娱乐功能的综合性城市核心。

与墨尔本一样,许多西方城市在20世纪前后才开始关注将城市街区内的大量失落空间转化为具有吸引力的公共活动场所,一部分城市对如何将公共空间与更大尺度上的城市空间肌理融为一体展开了积极探索。例如,美国的芝加哥千禧公园(Millennium Park)就较好地解释了新城市公共空间混合功能开发的设计内涵。伦敦海德公园(Hyde Park)也是西方公共空间发展的成功案例,伦敦人用自己的方式将海德公园建成了具有集会、演说、表演、游戏等一系列公共职能的社会活动场所。

可以确定的是,城市设计思想产生、发展的主要目标之一是为了解决城市复杂的社会问题。从现代主义理论席卷全球的诸多代表性实践看,现代城市规划有成功案例也有失败案例。在以往的城市更新过程中,墨尔本更多关注塑造建筑个体形象,而未足够重视城市空间系统的社会发展需求及其文化价值表达。墨尔本城市化进程中面临的社会阶层矛盾与文化消亡问题也曾经受到广泛质疑。

在码头区,新市民希望他们的社交需求能够获得场地支持。从墨尔本现代早期的园林作品中可以看出,与建筑师一样,大多数园林设计师也把设计焦点放在园林本身,未能充分意识到园林作为公共空间与其他城市空间交互设计的重要价值。到了20世纪90年代,不同城市空间要素之间的联系日益紧密,综合化、集约化、系统化设计成为墨尔本实施城市更新的必然要求。为适应新的城市发展需求,在新城市中心区设计公共空间需要突破传统的封闭状态,接纳和承担更多样化的城市职能,由此,本应是建筑内部空间承担的各项功能逐渐向公共空间渗透,建筑与公共空间都出现了交叉协同发展的明显趋势,这种特点在码头区表现尤为突出。

6.2.2　混合功能开发

理查德·森内特(Richard Sennet)在《无序之用》(*The Uses of Disorder*)一书中写道:"城市统一体是一个关于纯粹的神话,城市规划暗含了现代机械构造技术的基本理念,机器的零部件各不相同并反映各自不同的单一功能,不同零部件之间的冲突,独立于整体之外的零件单独运作,都会使机械效用毁于一旦。按照机械构造原理规划城市空间时,城市规划专家试图将所有需求合为一个整体,并为此将局部之间的冲突视为不利因素而予以消除。"从森内特的观点中可以看到,城市设计应该修补城市中产生问题的部分,而不是试图去制造一个全新的、没有冲突的复合化的城市机器。

吴良镛院士在《21世纪建筑学的展望》一文中也指出,近百年来,建筑学界提出了种种思想和理论,如现代建筑论、有机建筑论、城市建筑论、生态建筑论,以及人文建筑论、整体建筑论、地区建筑论等,其总体发展趋势是建筑环境观念逐渐扩大,由单纯的房子扩大到聚居环境,从单栋建筑扩大到村镇、城市。从科学内涵上讲,这种趋势要求城市规划发挥核心作用,将建筑学、风景园林学、城乡规划学进行有机融合,形成建筑、景观、城市三位一体的综合创造。

20世纪以来,墨尔本城市人口持续增长,土地资源日趋紧张,土地资源紧张又导致城市环境承载力持续弱化,这种多米诺式的因果循环成为许多城市的通病。因应对空间发展问题无能为力,墨尔本曾经寄希望于大力开发新土地,建设所谓的新理想家园。在疯狂的郊区开发过程中,城市被动扩张,建筑尺度和城市尺度不断增长,但城市却越来越萧条、越来越冷漠,城市生活也越来越乏味。由于缺乏平衡性的统筹安排和系统谋划,人与城市、人与建筑、人与公共空间的联系被不断削弱,各种城市矛盾不断加剧。

持续不断的现代建筑热潮同样推动了码头区高层住宅的大规模开发建设。码头区居民人数的增长主要是通过大量新开发塔楼式住宅实现的。但与霍都网的区别是,码头区的住宅地块体量很大,街区功能相对单一,二者用地结构差异非常显著。虽然居住人口,甚至行人数量都在持续上升,但墨尔本城市中心区"繁忙的公共活动"并没有在码头区得到有效复制。

特别是码头区高层住宅的裙楼体量巨大,形成粗粒化的城市肌理,住宅楼的高度、与街道失调的比例关系削弱了人与街道的空间连通感,道路系统规划增加了居民对汽车的依赖程度,导致街道难以吸引步行者。与此同时,码头区各类大型公共建筑自成一体,与其他公共空间相连接的步行出入口很少,导致这些公共建筑的社会交往水平很低(图6-19)。并且,市民只有同质化的住宅模式可供选择,居住者的多样性偏好受到限制,导致房地产客群市场单一。

与码头区相比,中心城区由规模较小的街区和建筑组成,城市空间肌理更加细粒化,这使得霍都网内小型街道和巷道周围的土地用途更加多样化,一系列跨越街区、拥有多个出入口的中小型商业建筑增加了步行目的和行走兴趣,沿街建筑以狭长地

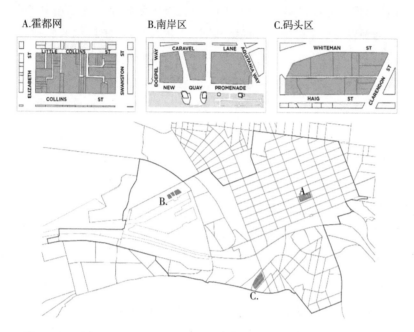

图 6-19　霍都网、南岸区、码头区空间肌理对比

块划分出丰富多彩的临街界面为特色,较好地适应了城市微更新理念的需要。

历史上,作为主要工业区,码头区没有为市民提供充分的休憩空间。随着单一用地功能向混合用地功能转型,为了吸引本地市民和外地移民到此购房定居,码头区必须建立一个发达的公共空间网络,并将其扩展到东部城市中心区,以支持该地区开展与霍都网紧密联系的一系列公共活动(如与城市中心区联合举办一年四季的各类节日庆典)。随着时间的推移,这些新城市公共空间将成为彰显码头区土地利用方式和地域环境特征的标志性公共场所。

雅各布斯认为,美好城市生活的前提条件是土地的混合利用,土地混合使用能够为全天候提供丰富的城市活动创造条件,对此观点,可以从以下几个方面理解。

第一,混合功能开发的城市空间将承担更完善、更多样的城市职能,其职能形态由多元化、具有内在联系性的空间要素构成,能够形成新的空间单元,为现代城市生活提供新的场地载体。

第二,混合功能开发的城市空间形态更加多元化,并且这种多元化来源于不同空间要素组织的多元化,而非个体的多元化。

第三,混合功能开发能够为城市空间引入并承担更多公共职能,为市民日常生活提供各类活动场所。

第四,混合功能开发的城市空间能够为连接建筑内部空间与城市外部环境创造条件,有助于建筑内外空间渗透与融合。

当规划师领悟到现代城市规划因"功能不够混合"而给城市发展带来诸多弊端和负面影响之后,理解人与城市空间的交互关系、思考公共空间规划与城市功能组织的交互关系成为修正现代主义城市规划理论的一个前提条件。

在上述背景下,城市公共空间规划开始向新的发展阶段转变,其主要表现之一是在形态结构层面,城市公共空间需要从相对独立的空间单元向整体性空间系统概念转变;二是在功能层面,城市公共空间需要从相对单一的游乐功能向生态发展与社会服务相结合的综合性功能转变。

新城市公共空间不再局限于广场、街道或公园等传统意义上的公共领域,这些场所大多是城市发展过程中形成的历史空间,在现代社会,这些历史性场所不可或缺,但它们很难满足现代城市生活更多元和更灵活的使用需求,城市居民的时代诉求是希望城市规划能够依据新的公共生活方式创造出适应社会发展需求的新公共空间。

以城市公园为例,作为城市公共空间系统的重要组成部分,现代城市公园是城市居民休闲活动、游憩娱乐的主要承载场所,是城市空间协同规划的主要配置要素。从以观赏风景为主要功能的传统型城市公园到增加多种公共服务设施,集休闲、娱乐、运动、文化等复合功能于一体的综合性城市公园,这种演变表明,城市公园的动态发展正在不断地适应城市社会发展的新需求。

在建筑领域,建筑内部的功能空间往往具有类似的尺度和相似的空间联系,被称为建筑单元或空间单元。这种空间单元可以容纳多种功能并且可以进行功能置换。现代建筑强调空间单元的优先独立,然后才是单元之间的联系,这正是现代功能主义的"纯粹",即强调功能独立性。然而,城市本身就是一个复杂的空间综合体,其中包含的空间系统与功能结构并非"纯粹而独立"的单元组合。雅各布斯指出"城市特性来自丰富的融合",其基本含义就是要求城市通过功能混合提供丰富的空间环境,满足居民的多种活动需要。从这个角度来看,所谓一处好的城市公共空间意味着这里的空间环境能够更好地满足多维度的社会活动需要(图6-20)。

受历史因素影响,在霍都网内,提供社会交往的公共空间主要是城市街道。在码头区,这种情况有条件得到改观,体育馆、展览中心等大型公共建筑能够提供更综合的交往空间和公共场所,这些建筑的中庭、屋顶、外部广场对公众开放,具有较好的环境条件,对城市居民能产生较大的吸引力。

从土地开发角度看,创造综合性的城市公共空间已经成为码头区城市开发的主导设计模式。以街道为基础,各类公共空间成为城市空间配置与协同设计的核心要

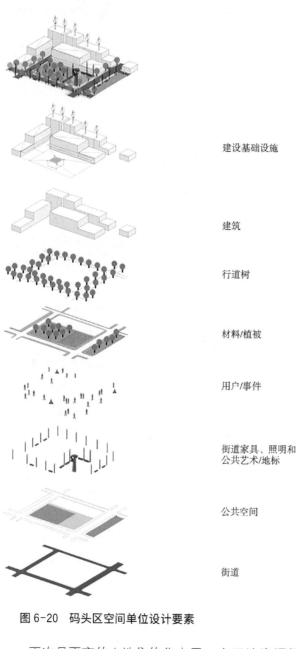

建设基础设施

建筑

行道树

材料/植被

用户/事件

街道家具、照明和
公共艺术/地标

公共空间

街道

图 6-20　码头区空间单位设计要素

素,在码头区的城市设计体系中承担了协调和交互各类城市空间资源的重要职能。

在这种情况下,通过公共建筑提供新的公共空间和社交场所,能够为码头区的城市生活提供一种全新的方式,其对于码头区的重要意义主要体现在以下四个方面的空间交互价值。

首先是更好的空间兼容性。公共建筑与公共空间相互渗透,有助于促使二者在功能复合过程中产生更大的"空间集聚效应",带来空间功能和空间效率的双向提高。

其次是更高的时间兼容性。城市中不同性质的空间行为,其发生时间往往不同,如平时办公、周末休闲,白天工作、晚间娱乐等。公共建筑与公共空间相互融合有利于合理组织不同时段的功能活动,使各类功能在时间段上互相补足,从而保证空间利用的全时性和空间活力的持续性。

再次是更高的土地集约化水平。在用地资源极为有限的前提条件下,混合功能开发能够形成紧凑、高效、有序的空间结构和功能组织模式,实现建设用地的高效利用,而且集约化的功能组织方式带来的高效率及其便捷性能够更好地适应快节奏的现代生活方式。

最后是更好的交通可达性水平。公共建筑与公共空间可以通过功能串联、渗透和延续等设计方法组织空间关系。考虑公共行为的内在关联性,将办公、文化、商业、休闲等功能叠合、连续布置,使人们在行走过程中能够连续完成一系列行为目标,从而为提升现代城市空间可达性水平提供基础支持。

无论从以上哪个方面看,作为墨尔本新的城市中心,码头区都需要创造紧凑型、复合型的新公共空间,由此激发城市空间综合价值,提高城市空间社会活力,在节约土地资源的基础上实现城市空间的高效利用,要实现这样的目标、达到理想的发展状态,码头区需要依赖混合功能开发的城市设计模式。

6.2.3　码头区的公共空间设计实践

2007 年,码头区正式并入墨尔本市,成为该市最年轻的行政区。墨尔本市政当局致力于创造多中心、混合使用的紧凑城市生活,通过提供精心设计的新公共空间吸引居民和游客,提高其生活质量,促进码头区社会经济繁荣发展。

优秀的公共空间设计是墨尔本以及赫尔辛基、温哥华等世界宜居城市的共同特征,这些城市的普遍共识是环境优美和功能良好的公共空间对城市生活质量会产生积极影响,经过精心设计的公共空间能够为居民、游客和投资者带来广泛利益,包括市民自豪感的增加、零售业的发展、城市社会活力的提升等。

自开始重建码头区以来,规划部门一直致力于为街道、公共建筑和滨水空间等各类公共空间建立广泛的功能联系,为在该地区居住、就业和旅游的使用者提供便捷服务。维多利亚州和墨尔本市政府也将高质量的公共空间设计作为当地城市建设的优先事项,提出了三个重要发展主题。

一是在码头区建设公共空间体验区。

二是创造一个 21 世纪的城市公共空间系统(图 6-21)。

三是为市民与游客提供感受墨尔本城市精髓的滨水公共空间。

在城市更新计划中,码头区希望建设一个既四通八达、方便快捷,又能充分彰显城市海洋文脉和独特港口景观的公共空间网络,让公园、广场、海滨时时刻刻都能吸引市民和游客。为了实现这一愿景,码头区制定了一系列规划策略、设计原则和行动指引,并支持当地居民积极

图 6-21　码头区滨水公共空间系统

参与规划决策,协助促进码头区公共空间高质量发展。

　　码头区内拥有三条主要水道:维多利亚港、雅拉河和莫尼溪。长达七公里的滨水空间能够为民众提供各种各样的亲水机会,这些亲水要素构成了码头区独特的滨水景观与港口景观。由此,城市更新策略将码头区定义为一个水上城区,计划通过公共空间设计创造多个有利位置,用于饱览中心城市、墨尔本港等城市景象,这些公共空间可以成为独特的景观地标,为市民与游客提供体验城市景观的理想场所。利用三条水道,码头区可以形成一个由公园、广场和滨水区组成的公共空间系统,能够容纳各种各样的用途和活动,这三条水道也将成为墨尔本令人难忘的城市公共空间(图6-22)。

图6-22　码头区公共活动空间

　　除了由三条水道连接的公共场地,码头区也计划遵循通过街道设计塑造墨尔本城市特色的历史脉络,推动码头区内的道路系统与霍都网的街道网络无缝连接,并将霍都网城市街景塑造的成功经验在码头区延续下去。诸如丰富的公共服务设施、统一的建筑表皮材料、优雅的街道立面、舒适的人行步道、琳琅满目的沿街店铺和诱人的户外餐饮区,这些曾经在霍都网获得巨大成功的城市设计策略都将在码头区被陆续实施。

　　通过上述策略,码头区能够为市民和游客提供广阔的步行空间,形成海港城(Harbour Town)、伯克街大桥(Bourke Street Bridge)等专用步行区。其中一部分街道具有独特的步行环境,特别是滨海地带,由港区内的一部分街区组织形成限制机动车通行的步行专区,这些仅可步行的街区具有多种用途,包括户外餐饮、街头零售、街头表演、露天市场等。

除了步行专区，码头区还配套规划了行人优先区及共享交通区，这些区域是指部分时段或部分区域禁止机动车通行的街道及行人通道，还包括机动车须低速行驶或行车速度受限的一部分街区。行人优先区和共享交通区消除了机动车优先通行的传统，将行人和公共生活按优先顺序排列，这与车辆优先的街道形成鲜明对比。

码头区步行优先的具体措施主要包括：

(1) 改善码头区内部及其与周边地区的行人连接度

①在维多利亚港和雅拉河上增建人行天桥，改善雅拉河、维多利亚港之间的步行连接关系。

②改善地下通道环境、减少铁路设施造成的步行障碍，建立码头区与墨尔本北部和西部地区更紧密的步行联系。

③提供体育场等公共建筑连接霍都网的步行专用通道。

④创造连接公共交通、公共空间、基础设施，连续、安全和拥有显著环境吸引力的步行路线和骑行路线(图 6-23、图 6-24)。

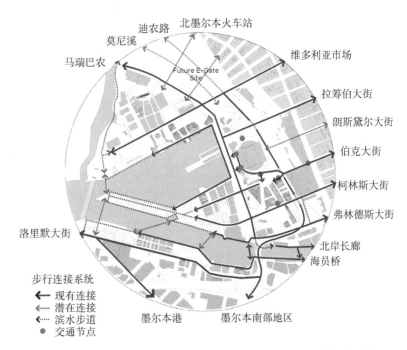

图 6-23　码头区步行系统优化策略

■ 行人区(地面层)
■ 行人专用区(地上层)
■ 楼梯/电梯/自动扶梯
■ 人行横道

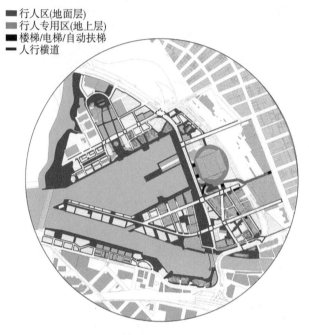

图 6-24　码头区步行系统规划

⑤利用大型公共场地提供行人通道,增加城市肌理的空间渗透性,并为行人提供更多选择机会。

(2) 制订交通网络计划,改善港区交通环境

①制定改善南十字星火车站与维多利亚港之间的公共交通政策。

②将雅拉河渡轮服务接入码头区。

③改善港区与墨尔本北部地区之间的公共交通服务。

④规划连接墨尔本西部、中部、柯林斯大街等地区的轻轨连接线。

⑤为雅拉河与维多利亚港之间提供常态化水上穿梭巴士服务。

(3) 提供人性化尺度的步行网络

①确保公共空间的日照时间和日照面积,确保降低水面风力等对公共活动场地产生的显著负面影响。

②确保城市建筑,尤其公共建筑的界面设计能够为公共生活提供具有趣味性和舒适性特征的物理环境。

③确保高层建筑为建筑物边缘空间提供具体的设计处理方法,使街道立面富有

吸引力,街道用途更加多样化。

④在重点发展地段设置行人通道,加强步行环境的渗透性和连接性。

⑤为不同规模的庆祝活动及公共服务提供充足场地。辖区内的大型基础设施和公共建筑,如博尔特大桥(the Bolte Bridge)、南方之星摩天轮(the Southern Star Observation Wheel)需要增设公共活动场地,为空间体验提供对比机会。

以下列举码头区五个优秀的公共空间设计案例。

(1) 莫尼溪和西部公园(Western Park)

莫尼溪公园面积约2.8万平方米,为码头区提供了一个长距离线性公共空间,园内步行道和自行车道沿着溪边向北延伸,穿过重要的城市中心区域,包括北墨尔本(North Melbourne)、肯辛顿(Kensington)以及更远的周边地区。与人工修剪的传统公园不同,莫尼溪公园具有与众不同的自然主义特征,为市民提供了亲近自然和适宜慢跑与骑行的理想线性场地。呈现自然风格的莫尼溪公园和凸显工业特征的港口区与博尔特大桥连接的高架公路并行,形成了巨大的风格反差,为墨尔本增添了一处风景线。

西部公园选址码头大道(Docklands Drive)与莫尼溪走廊南端,面积约2万平方米。西部公园能够在自然的溪流环境中为本地居民和游人提供社区足球场等各类休闲娱乐活动的公共服务设施,能够开展网球、篮球和攀岩等一系列运动。

在保持自然风格的基础上,莫尼溪公园与西部公园的设计方案充分理解公共空间与港口、博尔特大桥的结构关系,其设计方案为连接码头区和维多利亚港的步行系统提供了可能性,显著提升了行人、自行车与公共交通接驳设施的人性化水平。与此同时,设计方案与用地规划紧密结合,鼓励公园沿线启动混合用地更新计划,公园内的种植设计也遵循了保护和鼓励生物多样性的生态导向,充分体现了该项目兼顾城市开发、生态保护与环境可持续发展的综合性设计理念。

(2) 新港中央公园(NewQuay Central Park)

新港中央公园的前身为海滨广场(Waterfront Piazza),面积约0.5万平方米。尽管用地规模有限,但通过集约化空间利用,该场地被重新定义为一个新的市民公园,内部设有可容纳五千人活动的公共场地,能够为当地居民提供一个舒适的绿色开放空间(图6-25)。新港中央公园管理极其灵活,允许开展一系列的社会活动,内部功能包括了户外用餐区、座位区、非正式的游戏区和休闲活动区。

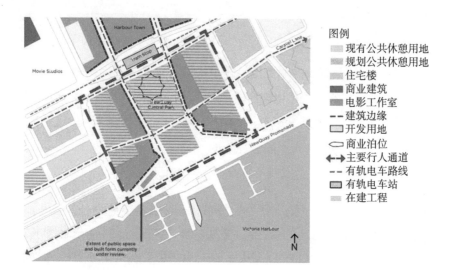

图6-25 新港中央公园设计

新港中央公园建立了公共空间与海滨地区以及海滨腹地的紧密联系,其空间结构提供了一系列非正式的公共活动场所,鼓励居民主动前往公园活动,社交机会得以显著增加。公园设计与周边道路改造同步进行,通过改善通往该地点的步行交通条件,新港中央公园不仅吸引了更多观光者,还在一定程度上减少了附近的机动车交通流量。在景观设计方面,新港中央公园提供了树冠覆盖范围较大的景观乔木,不但加强了公园的景观特色,起到美化环境的作用,还能削弱噪音,并减低海风对行人的负面影响,为使用者提供了更舒适的户外休闲环境。

(3) 海港广场(Harbour Esplanade)

除了中环码头(Central Pier)以外,海港广场作为码头区的主要文化娱乐中心,也是墨尔本重要的旅游目的地之一。多种多样的公共空间和以社区服务为中心的公共建筑沿着海港广场外围界面展开,为码头区创造了一处系列化的场所体验区。

在城市更新过程中,海港广场升级码头基础设施,与中环码头精心整合,鼓励公共空间混合使用,允许开展诸如划船、赛艇、户外用餐、游乐活动等一系列正式、非正式的公共活动和运动项目,以此激活城市居民与滨水空间的功能交互关系。在细节设计方面,海港广场解决了行人沿街行走的空间体验问题,通过制定交通管控政策保障了有利于行人和骑行者的交通权益;开放空间能够承办容纳上千人的中型公共活动,为码头区提供了富有吸引力的公共娱乐机会。

(4) 维多利亚绿洲(Victoria Green)

维多利亚绿洲位于维多利亚港中心地带,场地被相对狭窄和安静的街道环绕,周围分布着各类住宅、商业和社区建筑,其中央草坪被树木环绕,而树木又被周围的建筑包围,进入维多利亚绿洲能够给使用者带来一种亲密和放松的空间体验。

维多利亚绿洲与码头区繁忙的城市干道保持了适度距离,在城市中心为市民提供了一个隐秘而安静的公共空间(图6-26)。经过合理的平面布局,维多利亚绿洲还增加了视觉空间和物理空间的渗透性,使得其内部空间简洁却不失丰富。与此同时,城市设计鼓励对维多利亚绿洲边缘进行混合功能开发,并制定政策确保地方社区可获得优先开发权。绿洲的开放草坪还支持各种使用功能,其中容纳的功能性设施,如儿童游戏区、健身站、野餐桌、烧烤架、户外咖啡馆、游戏空间和社区花园能够不断地吸引并鼓励当地家庭来频繁使用。正是通过上述一系列设计策略,维多利亚绿洲迎合了不同阶层、不同年龄段和不同种族人群的使用需求,为码头区促进社会融合做出了积极贡献。

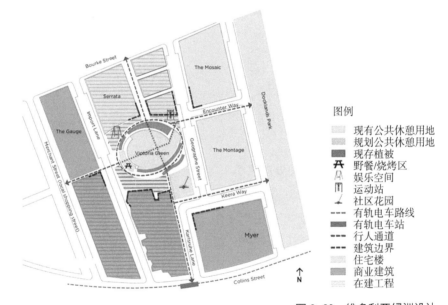

图6-26 维多利亚绿洲设计

(5) 码头广场(Dock Square)和伯克码头(Bourke Dock)

码头广场和伯克码头是位于维多利亚港中心地带的多功能城市公共空间,二者将社区、零售、服务、餐饮、海滨商业活动、公共活动紧密结合起来,其空间形态能够为街头音乐会、户外电影和露天市场等一系列中等规模的公共活动提供支持,是新城市中心与码头公园结合的混合型公共开放空间(图6-27)。

码头广场的空间结构不仅体现了场地的物理环境特征,还充分利用场地与水岸、码头、伯克街和柯林斯街相交汇的区位优势,为码头区提供了一个中心性的公共空间节点。通过紧密的步行道联系,邻近广场的公共建筑和公共设施,包括图书馆、船艇活动中心和室外游泳池,能够与码头广场共同扮演多功能的公共服务角色。

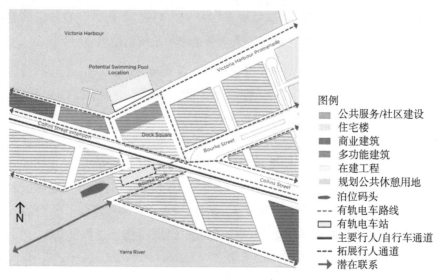

图例
公共服务/社区建设
住宅楼
商业建筑
多功能建筑
在建工程
规划公共休憩用地
泊位码头
有轨电车路线
有轨电车站
主要行人/自行车通道
拓展行人通道
潜在联系

图 6-27　码头广场设计

伯克码头是伯克街的终点站。虽然已不再承担航运功能，但码头特意为公众提供了游船停泊点，停泊点与柯林斯街电车总站衔接，同时提供水上公共运输服务（租船、渡轮和水上巴士通道），以发挥其作为一个转型后的新城市公共交通枢纽的重要作用。

以往，作为工业区，受港口码头和铁路设施的限制，码头区与周围其他地区的联系一直不够紧密，步行系统建设也受到限制。尽管如此，以维多利亚港为中心，充分利用各类资源，码头区仍然为民众提供了极具社会服务价值的公共空间网络。雅各布斯强调的"丰富的融合"在码头区体现为公共空间对社会活动、生态环保等各项功能的接纳。21世纪以来，码头区重新开发滨水空间，广泛植入游憩、交往、文化、休闲、生态等多种功能，将城市公共空间很好地融合在建筑设计与街区设计之中，实现了功能衔接与空间过渡的自然处理，避免了传统滨水空间作为一个独立线性结构容易出现的一系列弊端，为墨尔本的可持续发展做出了积极贡献。

在码头区，城市公共空间对外（向水面）以及对内（向主要街道）渗透的结构模式仍在发展演变之中，这种与滨水"前厅"和建筑"后厅"结合的空间设计模式为码头区实现城市复兴奠定了结构基础。今后，码头区的发展愿景是继续增加公共空间多样性特征，包括自然特征、与水系和港口的连接特征，未来会有更多的道路、城市更新地块以及城市发展预留用地被改建为公共空间，这些场地将作为新城市公共空间系统的重要组成部分，为码头区创建一个不断发展的新城市中心提供一系列公共生活服务。

7

7

宜居城市与公共空间发展战略

7.1 从资源型城市到世界宜居都市

可以毫不夸张地说,在城市化进程中,城市公共空间在促进墨尔本城市性质、城市功能和城市空间结构等各个方面的转型发展都发挥了重要作用。尤其是 21 世纪以来,大规模的城市公共空间更新进入了一个新的历史阶段,与之相对应的是,城市公共空间规划理论也不断创新,实践成果日趋丰富,作为城市发展战略不可或缺的重要组成部分,城市公共空间为墨尔本建设世界宜居之都和参与全球化的城市环境竞争做出了巨大贡献。

7.1.1 墨尔本城市转型进程

与欧洲各国历史悠久、环境优美、文化底蕴深厚的众多宜居城市不同,墨尔本是一座以矿产资源开发白手起家、资历非常年轻的资源型城市。自 1851 年发现金矿起,墨尔本掀起了波及全球范围的淘金热潮,因城市财富和移民人口暴增,墨尔本迅速发展成为澳大利亚乃至环太平洋地区的国际性都市。

20 世纪初,随着金矿资源开发殆尽,墨尔本开始着力发展现代制造业,以有效应对因资源衰竭而产生的经济危机。到 20 世纪中期,墨尔本已经成长为一座典型的现代化工业城市。1954 年的统计数据显示,20 世纪 50 年代,墨尔本的工业总产值达到维多利亚州的 85% 和整个英联邦国家的 28%,成为澳大利亚乃至全世界产业化程度最高的城市之一(图 7-1)。

20 世纪 70 年代,随着信息技术的迅速崛起,墨尔本的传统制造业受到巨大冲击,大部分的劳动密集型企业陆续迁往印度尼西亚、菲律宾、越南等低成本的东南亚国家,城市经济出现了衰退迹象。为有效应对信息技术对传统经济结构产生的巨大冲击,墨尔本审时度势,对城市发展战略做了重大调整,确立了以现代服务业取代传统

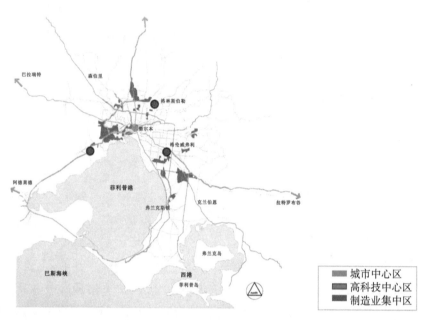

图 7-1　墨尔本产业格局（20 世纪 90 年代）

制造业的经济转型目标。

　　20 世纪 80 年代，产业结构调整引发的一系列城市问题开始逐渐凸显，没有了劳动密集型制造业的支撑，不但产业人口锐减，城市人口也大规模迁往都市郊区地带，城市中心区开始经历经济转型发展的阵痛。更严重的是，经济结构调整带来了连锁反应，墨尔本社会、文化等其他方面的城市功能都受到了不同程度的负面影响。

　　20 世纪 90 年代，为有效应对城市中心区衰落的时代困境，墨尔本确立了以公共空间更新、公共生活重塑为主要目标的城市复兴计划。自此开始，通过与著名城市设计学家扬·盖尔长期合作，墨尔本开启了城市更新的新时代，在一系列科学系统的城市规划决策的支持下，墨尔本实现了从服务型城市向生活型城市的进一步转型，为建设世界宜居城市奠定了重要基础。

　　21 世纪以来，城市更新在墨尔本获得了巨大成功，通过大力建设城市公共空间，墨尔本具备了优质的城市环境，产生了丰富多彩的公共生活。多年来的城市更新实践增加了城市吸引力，提高了城市活力，也为墨尔本带来了大量新增人口。根据澳大利亚统计局公布的数据，2001 年至 2015 年，墨尔本的人口数量增加了近一百万，是近 15 年来澳大利亚人口增长最快的城市。根据发展预测，墨尔本将在不久的将来超越悉尼，成为澳大利亚第一人口大市。此时，墨尔本已被认为是世界上最适宜居住的城市之一,而这种适宜居住的主要因素之一就是这座城市公共空间的数量和质量。

2002 年出台的《墨尔本 2030 可持续发展规划》提出,墨尔本未来的主要发展目标是继续巩固该市作为世界宜居城市的良好声誉,并集中对城市更新重点地区提供更科学的城市设计引导。基于新规划提出的城市发展计划,21 世纪的墨尔本进入了全面建设世界宜居城市的新时期。

7.1.2　城市公共空间引领城市发展战略

在《墨尔本 2030 可持续发展规划》的基础上,2017 年出台的《墨尔本城市规划 2017—2050》(Plan Melbourne 2017-2050)(图 7-2)为墨尔本确立了世界级宜居都市的城市定位目标。根据规划预测,墨尔本依赖增量空间拓展支持城市环境可持续发展已经极为困难。因此,墨尔本需要进一步释放城市更新的巨大潜能。

图 7-2　墨尔本城市规划 2017—2050

进入 21 世纪以后,墨尔本面临着人口增长、生态环境恶化,以及气候变化等各方面的发展压力。首先是持续增长的移民人口给宜居城市建设带来的巨大压力。2011 年,墨尔本城市中心区的居住人口与就业人口分别为 9.8 万人与 43 万人,预测到 2026 年,这两项数据将分别达到 16.5 万人与 60 万人。为应对持续增长的人口压力,墨尔本计划将城市中心区居住人口的人均公共空间面积由目前的 55.4 平方米控制在不少于 33.7 平方米。如果加上就业人口,该数值则需要从 2017 年的 10.5 平方米控制到不小于 7.2 平方米(这里的城市中心区指墨尔本市区,即 City of Melbourne,由于墨尔本郊区化发展程度极高,相对于我国城市,其中心城区人口所占比例极少,而大墨尔本地区,即 Greater Melbourne 的人口已接近 500 万人)(图 7-3)。

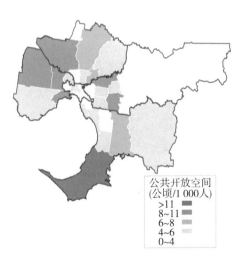

公共开放空间
(公顷/1 000 人)
>11
8~11
6~8
4~6
0~4

图 7-3　墨尔本都市区人均公共开放空间指标 (2012 年)

其次是城市发展需要有效应对不确定

性的气候变化与影响(图7-4、图7-5)。为消减干旱少雨、缺水与极端天气等环境变化带来的消极影响,墨尔本需要通过都市森林计划、水敏感城市设计等对城市公共空间功能进行调整优化。未来,墨尔本的城市公共空间规划需要同城市生态环境可持续发展规划、城市景观设计以及水资源再利用技术紧密对接,以建立应对气候和环境变化的新空间系统。

图7-4　墨尔本城市热岛效应

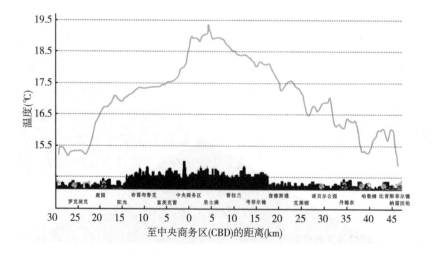

图7-5　墨尔本地表温度差异(2005年)

最后是确保城市更新不仅能够提供适应时代发展的功能需求,还能为城市建立与自然更紧密的联系提供机会。目前,墨尔本的城市公共空间主要集中于城市北部和东南部地区,而根据城市开发计划与城市复兴规划,未来人口增长主要集中在城市西部和西南部地区。这意味着,这些区域的城市居民将在高密度的邻里关系下工作和生活,同时也预示着这些地区需要更多的公共空间满足其人口增长需求。

《墨尔本城市规划2017—2050》的第一个五年计划(2017—2022)指出,作为世界宜居城市之一,墨尔本的城市公共空间非常优秀,极高的宜居性和良好的城市声誉得益于城市公共空间的全面发展。墨尔本的各类城市公共空间为居民和游客提供了丰富多彩的生活、娱乐和休闲方式,各式各样的城市公园、美丽优雅的林荫大道、充满文艺气息的大街小巷,以及南岸滨水步行道、联邦广场、墨尔本板球场、维多利亚艺术中心等标志性公共场所对塑造城市功能与城市形象至关重要。正是这些公共空间,以及在这里开展的社交活动、文化活动和全年不休的节日庆典塑造了墨尔本的城市舒适性,不断丰富着社会文化和公共生活,使墨尔本成为一个充满活力和创造力的世界级都市。

系统化的城市公共空间是一种城市结构与城市功能的统一体。墨尔本拥有多元化、高质量和极具社会价值的公共空间网络。在这座城市里,丰富的城市公共空间因功能的相互联系而形成特定的城市肌理,共同构成系统化的城市空间结构,并以人性化的形态功能广泛分布在城市建成环境之中,满足了民众多种多样的社会活动需求。随着城市不断发展变化,墨尔本需要采取积极行动升级改造现有公共空间,并努力新增公共场地,以保持和不断发挥公共空间在塑造墨尔本城市形象和宜居性方面的巨大作用。

早在20世纪60年代,现代建筑师克里斯托弗·亚历山大(Christopher Alexander)在《城市并非树形》("A The City is Not a Tree")一文中就指出,城市空间功能的综合是产生"交叠"使用城市空间的基础。正是与其他空间存在广泛的"交叠"特征,公共空间成为联系多个城市空间系统的重要纽带。正是由于彼此之间有着息息相关的联系性,建立完善的公共空间体系具有构筑城市肌理、连接城市功能、提升城市活力等多重作用,这些作用体现了公共空间在城市复杂系统中的多元功能与综合价值。

作为一个复杂的巨型空间系统,城市内的各种空间要素相互联系并相互作用,其中任何一种要素发生变化都能够引起其他要素的相应变化。因此,城市公共空间背后蕴含的是一种混合的、多边的系统交互关系,这种复杂关系不是简单的直线性规划思维所能够把握的(图7-6)。从这一角度来说,要完善和发展城市公共空间体系,就需要以多元系统交互关系为基础,修补现代城市规划的空间组织问题,逐步恢复、建立以公共空间为纽带的新城市秩序。尤其是在城市空间不断向高度集约化方向发展的今天,公共空间与其他城市空间的交互关系越来越复杂,增强公共空间系统的网络性与完整性、强化不同城市空间系统的联系性和交互性,这对于墨尔本以及其他任何一座现代城市都至关重要。

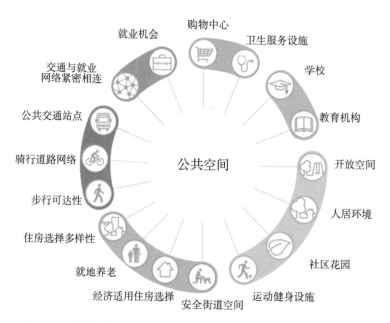

图 7-6　城市公共空间多边系统关系

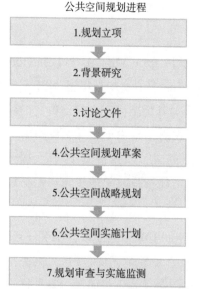

图 7-7　墨尔本城市公共空间规划机制

宜居城市是一个综合性城市发展目标,其不仅包含物质空间的宜居标准,更涉及城市建成环境与人在生活、工作、休闲等方方面面需求之间的关系。21 世纪以前,墨尔本的城市公共空间规划主要立足于物质空间更新与建成环境改造。与之相比,宜居城市建设引领的公共空间规划更侧重与城市竞争力再生相对应的概念内涵,更强调城市公共空间对城市综合竞争力的培育与塑造。

21 世纪以来,宜居城市建设涉及经济、社会、环境等各项要素的共同发展,已经演化为城市综合实力的较量与比拼。各类驱动因素的共同作用为墨尔本赋予了城市公共空间新的内涵与使命,即城市公共空间不仅是一种针对物质空间、建成环境改造的具体行动,更是提升宜居城市综合竞争力和助推墨尔本参与全球化城市发展竞赛的重要引擎。在宜居城市建设目标的引领下,墨尔本将城市公共空间规划全面渗透至城市规划制定的各项发展战略之中,全面拓展了城市公共空间的规划广度和规划深度(图7-7)。

7.2 城市公共空间协同规划

在综合竞争力概念下,城市公共空间的影响因素变得越来越宽泛和多元,城市公共空间的发展机制也更加复杂化,这种变化推动基于物质空间规划和以实体环境设计为主的传统规划模式,正在向以城市综合发展能力为牵引,包含分析、决策、控制程序建构的新规划模式转型发展。面对这一转变,城市公共空间走向协同规划新概念,成为促进城市综合实力发展的时代所需。

协同规划概念着眼于不同规划领域的共同特征及其协同机理,着重探讨规划系统的协调性与关联性,其概念认知思维包括以下三方面的内涵基础。

一是系统性内涵。规划是一个系统工程,具有整体性和层次性的典型特点,是对城市空间横向和纵向互动协调的整体过程的引导、控制与管理。

二是动态性内涵。规划是针对空间外界反应形成的、具有自我调节能力的动态平衡机制,应有效应对建成环境及其外部条件不断发展的变化需求。

三是协调性内涵。规划是一个具有多边性、交叉性和广延性特点的复杂系统,需要通过协调性的规范、策略、机制有效统筹各方利益主体、不同学科领域、不同规划内容之间的多边逻辑关系。

对于与多个城市系统有着紧密交互关系的城市空间系统,通过多目标、多系统、多主体的协同规划概念,城市公共空间能够实现物质环境及其关联性要素之间的协调、优化与整合,由此形成良性系统发展趋势。21世纪以来,墨尔本围绕城市公共空间开展的规划实践与多个系统紧密相关,共同构成了多目标融合的城市发展战略,不仅为推动城市公共空间的深度协同规划奠定了重要基础,更为墨尔本参与全球范围内宜居城市综合实力的国际竞赛提供了核心竞争力。

7.2.1 步行系统与公共空间协同规划

步行是人类直立行走以来最基本的行为能力和最主要的行为方式之一。容纳城市生活最重要的两个空间体系就是支持人行走活动的步行系统和公共空间网络,并且这两个系统存在不可分割的结构关系,因为大多数社会交往发生在步行空间,因此,步行系统连接公共空间,使公共空间形成网络。

层级性与连续性特征对促进城市公共空间与步行系统的融合至关重要。以上两大主要特征中,层级性是公共空间格局的主要标志,系统内处于相同结构水平的诸要素构成一个层级,相互嵌套的层级形成总体结构。明确的层级关系是结构清晰的基础,层级丰富的城市公共空间在地位作用、服务范围和组织结构等各个方面表现出等级秩序,能够吸引和支持不同层次的行为活动,减少不必要的重复,以错位协同关系形成高效、均衡的空间格局模式。

连续性是步行系统的主要特征,能够有效强化公共空间的层级结构特征。连续性直接关系人对城市公共空间的认知、体验和使用,与层级性共同构成城市空间的人性化内涵特征。步行系统是否连续,影响公共空间层级结构的力量能否得到充分释放,决定了公共空间是否能够以系统化的方式融入宏观城市空间体系,因此,增强步行系统的连续性特征是改善城市公共空间格局的重要途径。

空间连续性的建立有赖于路径支撑,例如,街道的网络结构对于形成连续的公共空间格局来说尤为关键。在城市中,人对公共空间的体验是一个动态过程,公共空间系统与其他城市空间的主要区别就在于其与步行系统的接触面广泛、对提高城市步行可达性贡献巨大,这也反映了以道路系统为基础,步行系统作为全局性控制要素对塑造公共空间格局具有关键性影响。

无论是在古代还是现代社会,公共空间都在城市生活中扮演了重要角色。在墨尔本,各类公共空间是除住宅之外最受市民欢迎的活动场所。众多国内外学者开展的大量实证研究已经充分表明,进入公共空间可以给个人和社会带来明显的健康益处。因适宜步行及开展不同形式的休闲活动,城市公共空间能够降低肥胖等慢性疾病的发生率。与此同时,因便于组织丰富多样的社交活动,城市公共空间在促进居民心理健康方面也具有显著作用。通过广泛而深入的实证研究,城市公共空间在改善居民生活方式、提升公共健康水平等方面的积极影响已经得到了社会各界的广泛认可。

根据墨尔本大学穆罕默德(Mohammad Javad Koohsari)等学者的抽样调查数据可知,包含行至公共空间以及在公共空间内行走的时间,墨尔本人的平均公共空间步行时间每周高达100分钟。因此,公共空间系统是建设步行城市的主要依托,步行系统与公共空间的协同规划对于营造人性化的步行城市环境、提升城市空间活力以及提高公共健康水平有重要意义。从相关设计实践来看,墨尔本步行系统与公共空间的协同规划主要体现在以下三个层面。

(1) 城市街道的概念转换

街道是城市公共空间系统化、网络化的重要基础,也是决定城市活力的关键因素。随着城市人口不断增长,墨尔本的街道改造需求迫在眉睫。一方面,城市规模的发展需要更优质的道路系统满足居民通行需求;另一方面,持续增长的城市人口也需要更多的公共空间满足居民对政治、经济、文化和社会交往活动的多元需求。

从功能交互关系看,城市道路系统既是城市交通系统,也是公共空间系统的重要组成部分。当道路系统的交通功能,尤其是步行功能更完善时,城市公共空间的网络连接度和可达性就更高,街道的步行使用频率也更高(图7-8)。

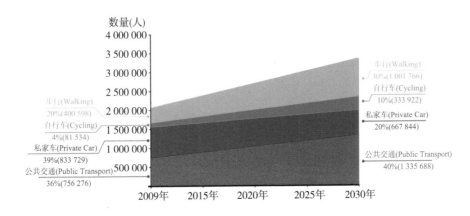

图7-8 墨尔本出行方式与出行比例预测

在以汽车为主导的现代城市,长期以来,隶属于市政工程的道路系统建设将提升机动车效率作为重点目标,而隶属于城市设计的公共空间规划则主要关注其他建成环境的质量提升,二者之间几乎没有专业交集。由于操作机制相对独立,城市道路系统与公共空间的网络联系度越来越低,随着步行功能不断弱化,为汽车而非为人设计的城市道路甚至成为影响公共空间活力的一种主要障碍。为修补现代城市普遍存在的步行障碍,城市道路与公共空间之间需要通过规划合作建立更紧密的系统联系,从而达到提升城市活力的共同目的。

在现代城市中,道路长期被作为机动车交通空间而非公共空间进行规划建设,网络化的公共空间系统因此被简化成各种功能斑块的组合,各种孤立的"点"很重要,但"点"与"点"之间的连接往往很难具备公共空间的意义。事实上,作为一种公共空间,在承担交通功能的同时,城市街道还是人际交往以及社会、文化、商业交往的主要承载空间,是一种典型的社会化公共空间。在无限放大机动车交通功能的同时,街道作为社会交往的公共空间属性在现代城市中被极大地弱化了。随着机动车交通带来的城市问题和空间矛盾越来越突出，相关学者和城市规划师逐渐意识到，街道在开展城市公共生活、恢复城市活力等方面具有巨大的潜力。

　　在墨尔本，1982 年的《墨尔本城市中心区设计法令》、1985 年的《人性化的街道——墨尔本市中心活动区步行策略》(Streets for People—A Pedestrian Strategy for the Central Activities District of Melbourne)、1994 年的《人性化空间》(Places for People)等一系列规划策略的制定与陆续实施，为城市街道的概念转换奠定了重要基础。

　　城市街道概念转换是指合理地将城市街道，尤其是中小尺度的城市街道由原本以机动车为主、人车混行的状态转变为以慢行交通为主、步行与公共空间共存的共享式街道(图 7-9、图 7-10)。把街道作为公共空间体系的重要组成部分，墨尔本将场所营造概念(Place Making)应用到道路空间管理(Road Space Management)中，将"通行与场所"(Movement and Place)共享策略纳入公共空间规划体系的这一创新决策有力推动了墨尔本城市街道的场所价值营造。

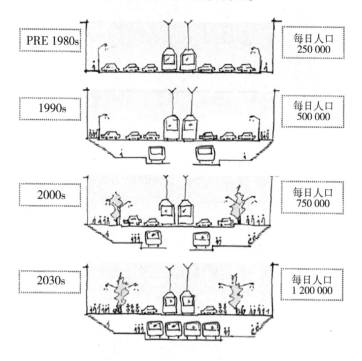

图 7-9　墨尔本城市中心区街道模式演变

　　街道既是通行路径，也是目的地。在功能定位上，城市规划需要明确街道是以交通为主要功能，还是以场所营造为主要功能，抑或是二者兼而有之。首先明确这一点，才能服务于城市公共空间系统的结构发展。在充分考虑交通问题并预测未来需

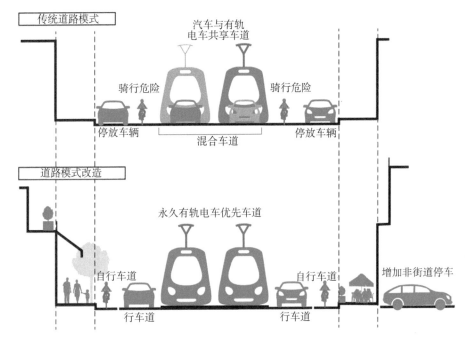

图 7-10　道路改造前后对比

求的前提下,维多利亚州实施了基于"通行
与场所"原则的新交通规划,这项新规划能
够在优先考虑步行需求的前提下,促使政府
和规划部门更精准地确定不同街道的首要
作用。同时,这项新规划也促进了行人与道
路场地之间更好的互动,有利于重塑城市街
道的公共空间属性(图 7-11)。

图 7-11　电车站道路铺装改造

　　作为墨尔本的中央商务区(CBD)所在
地,霍都网自建成至今一直都是最活跃和最
具活力的城市中心活动区(CAD)。但正如前
文多次提及的,在规划之初,霍都网的最大
问题是没有设计公共空间,也没有预留专门
的公共空间用地,因此,从交通优化与空间
共享的角度出发,将一部分具备条件的街道转变为高质量的城市公共空间,对于用地
紧张的霍都网而言是唯一的有效途径。

　　在可利用土地极为有限,几乎没有新增公共空间的情况下,城市街道的概念转换
不仅显著提高了城市中心区的公共空间面积与步行容量,也使街道成为最具活力与

富有特色的城市公共空间,为墨尔本展示社会生活与文化风貌提供了理想场所。

　　(2) 以公共空间为节点优化步行系统

　　公共空间是容纳公共生活的重要载体,以步行系统为依托连接公共空间、优化公共空间可达性对充分激发城市空间的社会、文化和商业活力有重要意义。与此同时,公共空间的活力营造对复兴历史城区和改造城市衰退区有着重要的引领作用。近年来,墨尔本以及哥本哈根、伦敦、纽约、多伦多、蒙特利尔等许多国际城市致力于依托步行系统优化城市公共空间体系、提升公共空间可达性,其传统城市中心区的社会、文化与商业活力因此而得到了极大的提升。已经开展的众多实践表明,一个城市的公共空间网络能够对建设、发展和优化城市步行系统发挥积极作用(图7-12)。

图7-12　墨尔本市区步行优先道路

　　早在 1994 年与扬·盖尔合作的公共空间专项规划中,墨尔本就提出城市街道应该与公共空间建立联系的设计思想。此后,为打造步行城市核心,墨尔本以街道为路径,以公共空间为节点,持续优化城市步行系统,其具体实施途径包含三个方面的主要内容。

　　一是根据步行可达性建立公共空间层级体系,制定相应的步行交通标准与城市设计规范,有针对性地服务城市、地区、社区三个不同层次的使用人群(图7-13)。

　　二是沿步行系统增设一定数量的口袋公园等小型公共空间,通过增加节点数量和密度提升步行系统质量,

图7-13　墨尔本市区步行通勤分层规划
(2012 年)

为公共空间与步行系统建立更紧密的网络交互关系。

三是在雅拉河沿岸一系列城市公园内部开辟新慢行路线、建设新步行系统,进一步强化大型城市公共开放空间作为网络核心节点的步行可达性。

与此同时,在步行优先的城市设计思想引导下,道路交通管理也需要与公共空间规划紧密结合,从而有效控制机动车交通流量,推进机动车交通与步行交通平衡发展。结合街道改造计划与公共空间专项规划,墨尔本还制定了一系列鼓励步行的交通管控措施,其主要实施途径包含两个方面的内容。

一是对交通安全、交通模式、交通容量进行专题调查研究与论证分析,在此基础上根据步行需求测算,对一部分重点道路实施基于空间管理的人车分流引导与基于时间管理的空间共享管控,为发展步行交通创造更安全、更灵活的交通环境。

二是结合道路空间结构、交通信号系统以及停车场配套改造,对机动车实施"三限"控制(限速、限行、限停),为进一步降低机动车出行比例和提升步行出行比例创造条件。

结合城市街道改造与公共空间规划,合理约束、控制机动车交通容量,墨尔本不断强化步行优先的交通地位,为步行城市建设奠定了基础。在 2012 年的交通规划中,墨尔本进一步将步行明确为城市中心区最优先的交通方式。根据规划,到 2030 年,墨尔本市区的机动车出行比例将由 2009 年的 39% 降至 20%,而步行出行比例将由 20% 提升至 30%,由此,步行将超越机动车成为墨尔本市区的主要交通方式之一。可以预见,将步行作为首要交通方式的思维转变将对墨尔本的城市空间发展产生深远影响。

除上述策略外,在越来越复杂的城市空间中,运用现代数字技术建立行人与空间的信息联系也是步行系统人性化设计的重要表现。对此,通过研发和应用步行地图导视系统(Heads-up Mapping Systems)等信息技术,墨尔本建立了行人与城市的虚拟空间联系,不但增加和丰富了城市行走体验感,也为市民和游客提供了更便捷、更人性化的空间信息引导服务。

步行系统与公共空间协同规划有助于保留、利用城市街道肌理和街区布局方式,建立与人的尺度相适应的城市公共空间格局,在复兴历史城市以及城市更新实践中能够扮演重要角色。作为步行系统的结构基础,城市街道特别适宜与商业、文化功能相结合,共同促进城市社会凝聚力和城市生活质量显著提升,塑造高度活跃的宜居城市。这样,现代城市,特别是中心城区,既能维持城市肌理的传统风貌,又能将街道转变为与现代城市发展相适应的公共空间网络。

(3) 公共空间与公共建筑的设计合作

城市由各类不同功能的建筑物和环绕建筑物的外部空间共同组成,二者相互依存,其核心联系纽带是人的活动。人在城市中的活动总是发生在各种建筑空间和城市空间中,两者只有处于一种耦合状态才能产生最大价值效应。

在缺乏空间联系的现代城市里,实体建筑成为与公共空间分离的独立个体,公共空间成为无差异的系统,公共空间与建筑系统的分离使原本能够容纳不同使用活动的公共空间难以获得类型、规模和功能发展的多种可能性。

城市空间与建筑空间在相互需求、相互限制的矛盾状态中发展,从某种意义上说,城市设计正是为了在二者之间建立有机联系而发展起来的现代学科。在土地空间高度集约化的今天,城市建筑尤其是以各类文化、商业、交通功能为代表的公共建筑越来越向大型城市综合体方向发展,此类建筑在成为复合型城市空间的同时,也需要进一步建立自身与公共空间更紧密的联系,从而通过功能和结构的耦合关系承担更多的城市职能,产生更大的集约效应。与之相应的是,在高密度的城市建成环境中,因为可以在"质"与"量"上共同促进公共空间优化发展,公共建筑也是未来城市拓展公共空间面积、数量与规模的主要方向。

在普遍形成"建筑孤岛"现象的现实条件下,现代城市寄希望于通过体量不断变大的建筑规模解决城市空间矛盾,这也是因为,在被机动车交通隔离的一个个"孤岛"上,建筑既需要弥补自身与其他城市空间分离带来的一系列问题,同时还要不断纳入更多城市功能以满足人们不断增长的使用需求。在城市综合体概念下,城市建筑尤其是大型公共建筑越来越显示出"建筑城市化"的典型特征。然而,这种变化却导致"建筑孤岛"现象进一步加剧,由于割裂了彼此之间的联系,公共建筑与公共空间相对分离,二者都难以通过结构交互产生集约化的功能效应和放大化的价值产出。由此可见,由于本身具有公共性内涵,公共建筑与外部空间的协调组织有助于修补"建筑孤岛"现象,缓解这一现象带来的城市负面问题。

从墨尔本的设计实践看,公共建筑与外部空间协同规划的主要策略是以街区为空间单元,强调公共建筑底层步行空间的协调组织。例如,在城市中心区,墨尔本对跨越不同街区的商业建筑地面层进行空间改造与交通重组,通过增设建筑出入口、对接城市道路系统、强化底层步行连接功能,以及建筑街角空间退让等多种途径,墨尔本将公共建筑纳入城市步行系统,在减小步行障碍的同时,将孤岛式的城市建筑转化为步行系统的延伸组织(图 7-14)。

正是因为建立了公共建筑之间的步行联系,墨尔本获得了更大的空间价值产出,城市中心区的商业、社会以及文化活力均因此有了显著提升。未来,墨尔本还计划在

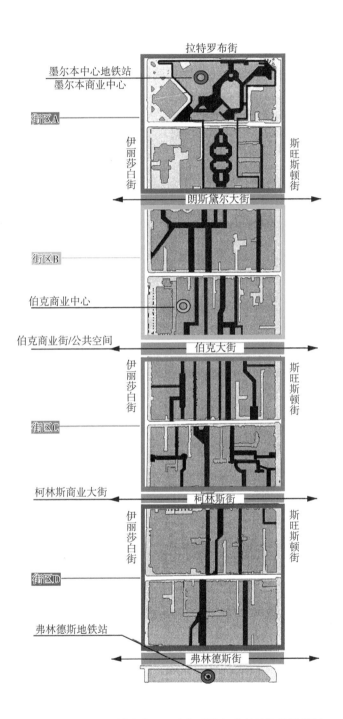

图 7-14   城市中心区步行系统与公共建筑协同规划

城市广场、城市公园等重要公共空间节点增设包含商业、文化功能在内的综合性轨道交通换乘中心,进一步在公共空间节点和公共建筑之间建立更紧密的功能耦合关系,达到提升公共空间可达性和提高公共建筑活力的双重目的。

由于物质空间与行为活动的相互作用,公共建筑与公共空间的协同规划能够获得提升城市空间品质、激发城市空间活力的综合效应,对墨尔本建设宜居城市具有重要意义。特别是在城市更新的特定时代背景下,相关策略的制定与实施对修补现代主义功能分区规划带来的一系列城市问题意义深远。

在城市建成环境中,既有空间模式已经形成,在以汽车为主导的城市建成区建设步行城市困难重重,尤其无法脱离不同系统间的协调与合作。这种协调合作既复杂又充满挑战,而且资金投入极其浩大,但这种协调合作对于城市交通、社会以及经济发展的长远益处也同样不可估量。墨尔本为建设步行城市的不懈努力充分表达了这座城市对公共空间价值的高度认可。更为重要的是,墨尔本的建设实践展示了一座城市如何依托公共空间规划,通过多领域合作共同推进各类空间系统协同发展的城市设计思维。

7.2.2　骑行系统与公共空间协同规划

在打造步行城市的同时,墨尔本也致力于成为最宜居的世界级骑行城市。作为一种绿色交通工具,与机动车相比较,自行车有利于缓解交通压力、减少拥堵、减轻污染和减小噪音,是一种无污染的绿色出行方式。考虑到自行车配套基础设施不仅建设成本相对较低,还有助于促进交通可持续发展,维多利亚州与墨尔本的各级政府都倡导和鼓励市民选择这种低成本的绿色出行方式。21 世纪以来,为了提高骑行网络的连接性和安全性,墨尔本投入了大量建设资金。2016 年,墨尔本已建成 136 公里的自行车专用车道,选择自行车出行的人口比例达到 17%,这一数据比 2008 年增长了两倍。

2015 年的调查数据显示,68% 的墨尔本居民认为,在中短距离城市出行范围内,相比于机动车,自行车可以更方便快捷地到达目的地,这是民众选择自行车出行的主要原因。对于大部分人来说,骑自行车是中短途出行的首选方式。墨尔本市内的热门骑行路线包括皇家大道(Royal Parade)、坎宁街(Canning Street)、拉斯敦街(Rathdown Street)、拉筹伯街、斯旺斯顿街和圣基尔达路等。还有许多墨尔本人会利用长距离骑行干道路线,如富茨克雷路(Footscray Road)和雅拉干道(the Main Yarra Trail)穿越城市到达目的地。

在《2012—2016 骑行规划》(Bicycle Plan 2012 - 2016)的基础上,墨尔本于2016 年继续编制出台了《2016—2020 骑行规划》(Bicycle Plan 2016 - 2020),为进一步优化骑行网络制定了更高的发展目标,其中包括增加自行车专用道,使早晚高峰时期选择自行车出行的人数达到每天两万人次或达到四分之一机动车出行人口的比例和规模。规划还提出,墨尔本要满足各个年龄段和不同人群的自行车出行需求,让更多居民能够安全而轻松地在城市中骑行。

《2016—2020 骑行规划》是墨尔本建设更安全、更互联的自行车城市的重要一步。自规划获批后,墨尔本市政府就陆续投入专项资金,加强了王子桥(Princes Bridge)、圣基尔达路、伊丽莎白街(Elizabeth Street)、展览街(Exhibition Street)、威廉街(William Street)和克拉伦登街(Clarendon Street)等自行车道的连接网络,创造了更安全的骑行环境。

墨尔本城市规划委员会也制定了相应规划策略,改善了莫雷尔桥首都之路(the Capital City Trail at Morell Bridge)、吉姆斯蒂恩斯桥(Jim Stynes Bridge)等墨尔本主要骑行干线的指路导向设施和夜间照明设施,并在城市中心区增设自行车停靠点,保证市民在百货商场、公共娱乐场所、社区和教育中心附近都能便捷地选择骑行作为主要交通方式。

将墨尔本建成一个自行车城市也是《2012 墨尔本交通策略》(City of Melbourne Transport Strategy 2012)的主要目标。为了让市民在城市中更便捷地使用自行车,支持自行车网络连接墨尔本市中心战略(Strategic Cycling Corridors Linking Central Melbourne)得以早日实现,《2016—2020 骑行规划》为墨尔本使用率较高的骑行路线制订了综合行动计划,并充分关注了不同地区的骑行需求与改善措施。根据规划,2016—2020 年间,墨尔本为建设自行车城市的指标性投入费用约为 988 万美元,行动重点主要包含以下内容。

①为鼓励自行车出行制定针对性的城市空间规划策略。

②与地方政府及相关部门广泛开展规划合作,将自行车交通纳入城市综合交通发展规划。

③进一步优化《墨尔本规划计划》(Melbourne Planning Scheme),以便更好地支持和促进自行车规划项目得到实施。

④建设连接度更高的骑行网络与公共空间网络(图 7-15)。

⑤加强基础服务设施建设,提高骑行专项规划的公共服务水平。

⑥增加机动车道与非机动车道间隔,降低自行车速度限制,建设安全十字路口,

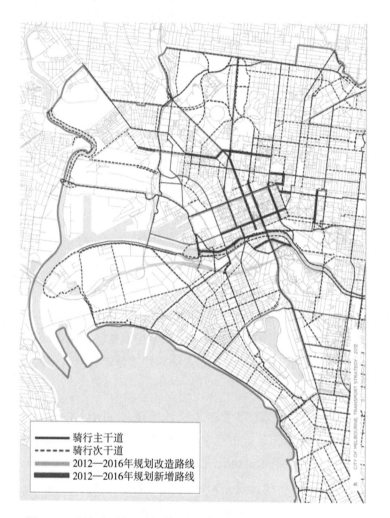

图 7-15 墨尔本骑行系统规划(2012 年)

为自行车出行提供更安全的城市空间环境。

　　⑦开展针对儿童、青年人和新居民的自行车安全教育计划。

　　⑧与各地社区共享大数据研究成果,针对实际问题不断改善骑行环境。

　　众所周知,自行车对一座城市社会、经济、环境的健康可持续发展有很多益处,骑自行车的居民越多,意味着城市更有活力、更健康,城市环境也能更干净,交通拥堵也更少。墨尔本开展自行车规划正是为了让人们更好地享受这些好处。

　　在满足骑行需求的同时,规划的重要目的是认识并满足墨尔本交通发展的潜在需求。因此,《2013—2017 委员会计划》(The Council Plan 2013 - 2017)指出了建设交通联动城市的规划目标,希望通过加强城市交通管理,帮助更多居民安全便捷地使用自行车参与公共活动和工作通勤。为实现交通联动城市这一战略构想，《2016—2020骑行规划》提出了以下规划目标。

①规划建设高质量的自行车基础设施，创造高安全性的骑行条件，提供更便捷的自行车停车点。

②为各个年龄段和不同骑行能力的人群提供连通性好、可达性高的骑行网络。

③为骑行者提供安全、明亮的骑行环境条件。

④加强机动车协同管理，减少交通事故，降低骑行者出行风险。

⑤鼓励更多居民更频繁地选择自行车出行。

⑥及时评估交通发展需求，利用交通大数据持续完善骑行规划内容。

相关调查显示，步行与骑行在墨尔本城市中心区以及某些重点街道有较高的重合度。在这些区域，步行系统与骑行系统的协同管控是协调步行与骑行交通冲突的有效途径。在专项规划中，步行与骑行系统的协同管控主要通过以下两个途径实现。

一是在步行与骑行路径重合度较高的区域，通过街道改造合理分配空间、引导路径，并根据路况条件制定骑行优先通行的交通原则与管制措施，提升城市慢行系统的交通安全系数。

二是在步行与骑行人流量较大的区域，合理利用各类公共空间建设新系统，减轻主要由街道承担的慢行交通压力，同时也为步行以及骑行营造更优质、更安全和更具吸引力的交通环境（图7-16）。

已有骑行主干道——
规划骑行主干道——

图7-16　墨尔本骑行主干道拓展计划（2016年）

在墨尔本，城市交通网络中存在大量不适宜步行的主干道、快速路。步行条件有待改善的道路包括展览街、伯克街和小伯克街（Bourke and Little Bourke Streets）之间的道路、海伊市场环岛路（Haymarket Roundabout）、阿尔伯特街（Albert Street）、克拉伦登街（Clarendon Street）、皇后桥街（Queens Bridge Street），以及维多利亚街（Victoria Street）和卡尔顿花园南（South of Carlton Gardens）的部分地区。在这些不具备建设优质步行系统的路网中,合理规划骑行系统对缓解交通压力、构筑均衡发展的城市绿色交通网络有积极的补充意义。

安全因素也是骑行与步行系统协同管控的主要目的。墨尔本在城市主干道、城市快速路开辟基于缓解交通压力的快速骑行专用道,并根据步行与骑行路径的重合、分流情况,以及道路交通状况设置不同的骑行速度限制(与步行系统共享区域的骑行时速小于 30 公里,骑行专用道时速小于 50 公里),构筑了与步行系统互为补充的骑行系统。

此外,规划还提出了其他设计细节,包括利用基础设施、指示牌、标志线、减速带、地面颜色或材质变化,以及利用曲道代替直道等设计方法分离步行者与骑行者。在设计骑行道路时,墨尔本刻意规划了更多曲线道路而不是直线道路,是因为有研究显示,曲线道路能够使骑行者自然降低车速,从而有效提高安全系数。

当时规划提出的发展目标包括:完善交通基础设施,为骑行者提供充足的专门性服务设施或替代性服务设施;主要骑行道路与社区、学校、商场和公共基础设施相连接;市区街道上的自行车停靠点增加到 2 000 个,停靠点集中设置在繁忙的公共区域;在公共交通枢纽规划设计规模更大的自行车停车区;在进入市区的主干道入口建设自行车维修站;确保骑行交通零死亡和零严重伤害事故;早高峰时段进入市中心的机动车和非机动车总量中有四分之一是自行车;选择自行车出行的人次达到市区总出行人次的 7%,2030 年达到 10%;保证自行车数据公开透明并分期进行自行车大数据汇总。

调查研究表明,墨尔本 65% 的骑行者自主选择的路线比使用自行车专用道的最短路线距离长了 15%。这表明,骑行者会根据个人喜好或综合多方因素自主设计最舒适的骑行路线。调查归纳了最短路线和实际路线之间的差异,数据显示,仅有 40% 的骑行者愿意将骑行安排在政府专门规划的自行车专用道上,这进一步证实了骑行者更愿意自主选择舒适的骑行路线。

这些数据调查有助于建立骑行者行为模型,将人口普查数据与骑行者行为模型相结合,又可以模拟骑行通勤流量情况(图 7-17)。这些数据有利于识别并按优先等级区分交通网络中的规划漏洞,也有利于对基础设施投资进行优先排序。比如,在地铁线路开发及其周边地段的城市更新设计中,墨尔本就利用这些数据模拟了斯旺斯顿街骑行者的空间分布情况。

鉴于步行和骑行在交通系统中承担了越来越重要的作用,墨尔本还开发了智能道路系统,用于监测道路的使用情况。根据一天中不同时段的交通需求,该系统能够灵活调整各种交通工具使用道路的优先等级,从而使道路空间被更高效地利用。

图 7-17　墨尔本骑行大数据分析（2016 年）

与世界上大多数城市一样,墨尔本鼓励中心城市优先被行人使用,希望机动车能绕行通过城市,如乌伦杰里路(Wurundjeri Way)、兰斯顿街(Lansdowne Street)和雅拉滨河高速公路(Yarra Bank Highway)都是为绕行通过城市而设计的。达德利街(Dudley Street)、皇后街(Queen Street)、朗斯黛尔大街和维多利亚大道(Victoria Parade)则是公共交通优先的城市道路。

与上述街道不同,市内的拉筹伯街、柯林斯街、弗林德斯街和沿雅拉河的交通路线被规划为自行车优先道路。在南北走向的道路中,斯宾塞街(Spencer Street)、威廉街、伊丽莎白街、斯旺斯顿街、展览街和圣基尔达路也是自行车优先道路。

在已有骑行网络的基础上,墨尔本市还进一步提出了战略性的骑行走廊计划,将市中心和其他社区中心的公共空间、公共交通系统相连接,以推动骑行交通辐射面积的扩大。

(1) 骑行系统与社区规划

墨尔本自行车路线规划鼓励居民在五公里活动范围内选择骑自行车出行。墨尔本市政府还计划与社区学校合作,鼓励 12 岁以下的儿童在当地的社区道路上骑行上下学。自行车路线需要配备低速优先的道路设计模式,设置自行车路线的目的是提高街道的自行车服务水平,并为不同年龄、不同能力的社区居民提供安全便捷的骑行环境。自行车路线的建立有助于提高居民的健康指数,同时有利于社区环境的可持续发展,还能为当地的商店、企业带来经济利益,并提高社区连接度和街区安全性。

由于不同地区社会经济、空间结构存在差异,因而自行车路线的规划策略也各不相同。墨尔本市政府与肯辛顿社区中心(Kensington Community Centre)、北墨尔本社区中心(North Melbourne Community Centre)、卡尔顿家庭资源中心(Carlton Family Resource Centre)和博伊德社区中心(Boyd Community Hub)等人口密集的社区组织紧密合作,制定了一系列鼓励自行车出行的配套措施并进行大力推广。

例如,肯辛顿居民(占城郊人口的54%)的主要需求是从家中骑自行车方便地到达当地的学校和商店。因此,肯辛顿地区的主要规划目标是将骑行系统与荷兰公园(JJ Holland Park)、社区学校和其他基础设施相连接,确保通勤者能够顺利骑行通过赛马场路(Race Course Road)、爱普生路(Epsom Road)、麦考利路(Macaulay Road)和雅顿街(Arden Street)到达公园、学校和商店。对此,肯辛顿地区制定的专项规划方案包括将骑行系统与肯辛顿小学(Kensington Primary School)、圣柔萨瑞小学(Holy Rosary Primary School)等学校,以及与社区道路的沿街商店和伊丽莎白街、雅顿街等通往市区的自行车主要通道相连接。

与肯辛顿地区的大规模独立住宅不同,在北墨尔本地区,60%的居民居住在不同类型的公寓楼里。在卡尔顿地区,中年居民占比25%,外国居民占比56%(大部分来自亚洲),43%的居民单身,6%的工作者骑行进入卡尔顿,45%的居民选择开车出行。由于公寓地面空间紧张,北墨尔本地区的私家车停放极为困难,这就使得自行车成为该地区最具潜力的出行方式。该地区的麦考利路、弗莱明顿路(Flemington Road)等道路已建成自行车道,昆斯伯里街(Queensberry Street)与城市相连接并且建有高质量的自行车道。但雅顿街以北的自行车网络尚欠发达,而这里学校、购物中心和大规模的公共住房较为集中。因此,北墨尔本地区的自行车路线优化能够显著减少机动车的出行比例,并有效缓解早晚高峰期的交通压力,推动本地区的绿色交通发展。

与上述地区不同,在城市新区南岸区,目前没有自行车道能够替代南岸步行道(Southbank Promenade)的共享空间(Shared Space)。因此,《城市道路总体规划》(City Road Master Plan)强调,骑行规划需要加强南岸区等高密度城市新区与市中心、地方社区基础设施的连接。由于目前能反映南岸区交通问题的调查数据比较少,所以,为该地区制订自行车交通网络发展计划仍需要调查实际情况并探索适应性的设计模式。

墨尔本在《市政战略声明》(Municipal Strategic Statement,简称MSS)中指出,骑行是墨尔本最有效的出行方式之一,选择骑自行车上下班和骑越野自行车娱乐的人数比例正在不断提高,这进一步凸显了政府推动自行车发展的重要性。墨尔本21世纪交通规划的首要任务之一就是最大限度利用和发展可持续的绿色交通方式,其中的重点内容是加强公共交通与骑行交通和步行交通的连接。与此同时,墨尔本市政府也在《市政战略声明》中提出了协同骑行专项规划调整城市空间规划策略的愿景与目标,并重点针对如何衔接《墨尔本规划策略》制定的地方政策和规划构想做了说明。

虽然私家车出行仍是主流出行方式之一,但在墨尔本,私家车出行正逐渐被其他交通方式替代。《市政战略声明》明确提出,提高自行车网络连通性,进一步扩展现有自行车专用线路(包括共享道路)以连接墨尔本所有社区,这一目标使骑行系统与公共空间的协同规划成为自行车城市的总体发展战略之一。

(2) 骑行系统与共享空间

在墨尔本,城市公园作为典型的共享空间,是市民开展休闲娱乐活动的主要场所,每年都有成千上万的本地居民和外地游客参观墨尔本的各大公园,如菲茨罗伊花园(Fitzroy Gardens)、卡尔顿花园、旗杆公园等,因为这些公园可以提供广泛的娱乐活动,特别是便于组织各式各样的社交和体育活动。以往,在这些花园里骑行是被明令禁止的,只有12岁以下的儿童才被允许在这些花园里骑自行车,其目的是让儿童能够在安全的环境里,而不是危险的大街上练习自行车。

虽然部分公园不允许骑行,但自行车符合墨尔本为市民提供广泛娱乐活动的公园使用目标。近年来,墨尔本市政府提出了"共享我们的空间"计划(Share Our Spaces),旨在增加各类公共空间的共享能力。皇家公园、福克纳公园(Fawkner Park)的部分道路和雅拉公园(Yarra Park)被陆续允许开展骑行活动,这些公园在总体规划中详细说明了自行车专用服务设施的设置,如王子公园和国王林公园(Kings Domain)就标注了棕色道路为非骑行共享道路,这种设计有利于减少步行者与骑行者之间的交通冲突。

在制定规划策略的同时,墨尔本市政府通过每年两次的自行车论坛与市民进行规划互动。依托两个主要参与平台:维多利亚州自行车网络组织(Bicycle Network Victoria Group,简称BNVG)和墨尔本自行车用户组织(Melbourne Bicycle Users Group,简称MBUG),市民可以与市政府展开积极讨论,及时反馈政府施行的所有自行车规划项目的情况。在制定《2016—2020骑行规划》时,规划部门向社区征求了许多意见,当时共收到七千多份反馈意见,这些意见提供了墨尔本人喜欢的骑行方式等关键性信息,以及一部分可以纳入专项规划的创新性想法。

通过"共享我们的空间"计划，墨尔本在步行者和骑行者之间建起了牢固的共享文化(Culture of Sharing)。大量共享空间能为骑行者提供连接度和安全性都更高的骑行路线，这对于完善自行车网络来说不可或缺。

根据规划，墨尔本的慢行共享空间主要可分为四种类型。

一是正规的共享街道。行人、骑行者和车辆共享道路空间，共享区域内骑行通常限速 10 公里/小时。道路标识会标注出共享区域的起点和终点，汽车司机和骑行者在任何时候都必须给行人让路。大多数共享区域位于市中心的巷道和小巷中，如哈德维尔巷(Hardware Lane)、德格雷夫斯街(Degraves Street)等。政府正在逐步扩大共享区域网络，以实现建成连通城市(A Connected City)的发展目标。

二是除街道以外，供步行者和骑行者共同使用的各类公共空间。这些公共空间也由专门的标识标出，骑行者在非特殊情况下必须靠左行驶并为步行者让路，如王子公园、皇家公园、雅拉公园等大型城市公园内的骑行共享空间。

三是隔离道路。其是指利用专用设施隔离步行与骑行空间的城市道路。这些道路的空间尺度通常相对充足，分隔步行和骑行功能可确保道路交通更加安全。例如，南岸大道(Southbank Boulevard)、卡万纳街(Kavanagh Street)、巴斯顿街(Balston Street)和城市路(City Road)都设有骑行专区。

四是尚未规划的共享空间。这类空间的主要代表是雅拉河边的南岸步道，虽然该区域尚未实施共享空间计划，但由于地理位置十分优越，很多骑行者选择在此骑行穿越城市；该地区还是城市白领上下班的常用骑行路线和深受游客欢迎的热门游玩路线，是墨尔本最繁忙的步行区和最主要的旅游目的地之一。

在南岸区，市政府每年都能收到大量居民对于步行和骑行混合使用的不满的反馈。残疾人、儿童和老年人在这些冲突频发的地区非常容易受伤。尤其是繁忙的滨水空间，需要尽可能地分隔道路，这是骑行者和步行者共同的愿望。为努力调节步行、骑行和机动车之间的直接冲突，墨尔本市政府与规划部门将对上述共享空间展开进一步调查，为构筑更科学的城市慢行系统提供规划决策支撑。

(3) 骑行系统与服务设施

墨尔本市政府组织的调查研究发现，好的自行车服务设施能够为城市，尤其是城市中的学校和企业带来许多益处，如能够使学生或员工更健康快乐、有利于提高生产效率、有助于保持学习或工作的良好心态，还能减少旷课或矿工、减少停车带来的花费和因交通拥堵而浪费的工作或学习时间等。因此，建设自行车服务设施(如停车点、更衣室、淋浴间和储物柜等)对城市居民是否愿意选择骑自行车出行能够产生非常重要的影响。显然,安全的、地理位置优越的、方便使用的服务设施可以更好地鼓励人们选择自行车出行。

墨尔本市政府计划通过每年在城市中心区增设 200 个左右的自行车停车区,持续满足公共场所、娱乐场所、零售区等自行车高使用率地区的停车需求。在市区,墨尔本已经有 3 000 多个自行车停车区为人们进行短途购物和去往附近的娱乐场所提供服务。其中,靠近公共设施和高等教育区附近的自行车停靠点尤其能够吸引大量骑行者,因此,这些地方的自行车服务措施是否完善至关重要。

此外,在公园和花园附近提供更多的自行车服务设施,不仅可以确保骑自行车进入公园和花园的市民能便捷地使用服务设施,还有助于鼓励更多的市民选择骑行到达城市公共空间。在公园内的亭子、俱乐部附近设置自行车停放点,也有利于更多市民高频率地进入这些公共活动场所。

研究还表明,在路边,用自行车停靠点代替机动车停车位对提高商业活力能够产生更积极的影响。有数据显示,虽然骑行者的单次消费通常比驾驶私家车的人要少,但习惯骑行后,他们来往的次数更频繁,消费总额比驾车者要多。

为合理布局自行车服务设施点位,市政府每年都利用墨尔本道路系统对自行车停放场地进行评估,尽量保证新的停车点能够设置在公共基础设施、零售商店、娱乐中心等使用率较高的场所附近。例如,根据调查分析,墨尔本市政府投入资金在城市广场停车场(City Square Car Park)和位于城市中心地段的墨尔本皇家理工大学用以建设包含更衣室、淋浴间和储物柜在内的自行车终点设施(End-of-trip Facilities),通过为大量学生提供安全停车、淋浴和更衣服务,该地区的骑行出行规模有了显著提高。

步行与骑行是城市慢行系统的两大核心,是城市慢行系统联运的重要组成部分,也是市民出行过程连续性的重要保障。以往,由于被看成是一种运动休闲方式,而非常规性的交通出行模式,骑行的交通功能没有受到足够重视。在绿色交通理念的影响下,作为一种主要的交通方式,需要将骑行交通功能植入从街区到城市不同尺度的规划设计中,骑行系统与公共空间的协同规划也应作为完善城市综合交通系统的关键性内容,为市民提供更多元和更具衔接性的交通选择。

墨尔本制定的骑行系统规划目标需要 10 至 20 年的持续建设才能实现,重要的是,自行车交通规划已经成为墨尔本城市发展战略和城市空间结构规划的重要内容。在南岸区、雅顿—麦考利(Arden‑Macaulay)、城市北区(City North)的空间发展规划,以及洛里默区(Lorimer Precinct)和渔人湾创新区(the Employment Precinct in Fishermans Bend)的道路结构规划中,自行车出行和骑行系统已经成为影响区域空间规划的重要因素，对一系列城市规划决策的制定产生了重要影响。

从长远发展效果看，通过慢行系统与公共空间协同规划，至 2030 年，在墨尔本四种主要的出行方式（步行、骑行、公共交通、机动车）中，步行与骑行共同分担的绿色交通总比例将达到 40%，这一水平与公共交通出行比例持平，到那时，步行与骑行能够对墨尔本提升慢行系统交通容量，以及促进绿色交通均衡发展发挥更为积极的作用。为进一步完善城市中的骑行系统，维多利亚州还将进一步制定都市区自行车走廊战略和城市中心区行动计划等一系列专项规划策略，这些规划策略将形成延续性的专项规划机制，为解决城市交通可持续发展面临的一系列问题提供科学有效的规划指导与实施方案。

7.2.3　公共交通与公共空间协同规划

在现代城市语境下，完善的公共空间系统需要以覆盖广大城市建成区的大容量公共交通系统为支撑，因此，基于居民出行模式，建立公共交通主导的城市交通系统是优化公共空间网络的重点工作内容之一。作为郊区主导型城市，墨尔本由城市中心区、市区和包含广大居住区的都市区组成，呈典型的对外放射性圈层结构，居民出行以地铁与有轨电车为支撑，具有典型的放射性与潮汐性特点，郊区主导的城市空间格局使墨尔本人的通勤时间与通勤距离明显高于同类城市（图 7-18、图 7-19）。

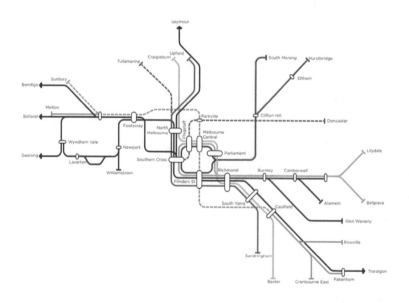

图 7-18　墨尔本地铁系统

2010年有轨电车网络

图 7-19　墨尔本有轨电车系统

　　墨尔本对公共交通的定义比较多元,包括火车、地铁、电车、巴士、出租车、共享汽车和共享自行车都被纳入公共交通范畴。政府对公共交通的运营、监管和协调服务发挥着主要作用。作为维多利亚州公共交通系统的枢纽中心,墨尔本的公共交通网络遍布整个大都市地区,其中火车、地铁和有轨电车是安全高效、运送大量人口的最有效方式,大多数火车站和有轨电车站都设在内城及周边近郊地区,因为这些地区的居民和就业人口密度最高,公共交通服务也最集中。

　　根据预测,到 2030 年,整个墨尔本都市区乘坐公共交通工具前往市中心的人数将占到墨尔本出行总人数的 60%。要达到这一目标,需要州政府和市政府密切合作,将所有的公共交通模式整合为一个整体系统,大幅升级和扩大公共交通网络,提高速度与效率,并为所有进出公共交通网络的行人提供安全、方便的步行接驳通道。

　　为满足预计增长的公共交通需求,特别是高峰时段的需求,墨尔本的公共交通系统肯定需要扩容和升级,主要措施包括新增地铁、有轨电车和巴士线路。同时,公共交通出行的步行衔接尤其需要重点考虑。这一点有许多成功案例,如伦敦、巴黎和纽约为游客和居民提供了步行可达性较高的公共交通网络,满足了大部分民众的城市出行需求,支撑了这些城市的经济发展与社会繁荣。墨尔本由铁路、有轨电车和公共巴士组成的联合交通网络评估显示,与上述世界级城市相比,墨尔本的公共交通可达性水平仍有待提高。

　　每种交通方式都有不同出行需求的服务人群,将各种不同的交通方式整合到一个无缝对接的公共交通网络中,让使用者可以轻松自由地混合匹配各种出行需求,这是一个世界级城市应该具备的基本能力(图7-20)。对此,优化协调铁路、有轨电车和巴士路线,整合出租车、共享汽车和共享自行车,将其分享到一个整体系统之内,这需要一个系统性的规划策略和管理方法。

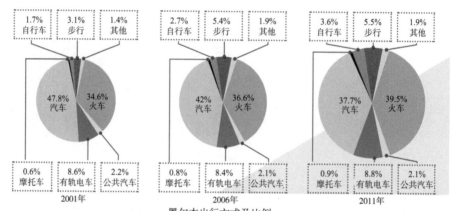

墨尔本出行方式及比例
来源:澳大利亚统计局2001年、2006年、2011年数据

图7-20　墨尔本出行方式变化趋势

(1) 公共交通与土地利用协调发展

　　城市公共交通必须与土地利用协调发展。公共交通中的地铁和有轨电车容量大、效率高,是与城市高密度土地利用模式协同发展的理想交通工具。在墨尔本,这种关系在中心城市向外延伸的公共交通网络中表现得最为明显(图7-21)。相对于广大郊区地带,城市中心区特别是霍都网内拥有高密度的地铁换乘站和公共服务水平,是墨尔本公共交通通勤效率最高的地区。虽然这一地区的经济发展也得益于高容量的城市道路系统,但私家车是一种消耗空间的交通模式,更适合低密度的郊区地带。

　　墨尔本的地铁站和有轨电车沿线已经发展成为土地高度混合使用的公共交通走廊。在这些地区,交通、商业、居住等各类用地的整合设计,不仅对在此生活、工作和访问这些地区的人们有好处,也有利于墨尔本宏观城市形态的集约化发展。在霍都网内部,火车和有轨电车网络主要集中在斯旺斯顿街,因为作为城市核心中的核心,斯旺斯顿街在有轨电车网络、自行车网络和行人交通格局中都承担着至关重要的角色,这种地位既加强了公共交通网络的可达性,也维系着城市中心区的经济社会活力。

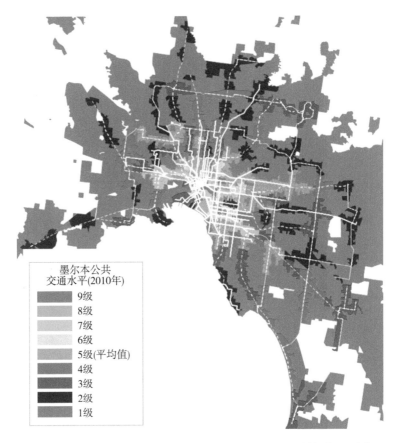

图 7-21   墨尔本都市区公共交通可达性（2010 年）

在城市核心与主要的城市增长廊道,要进一步提升地铁环路和有轨电车输送、分散人口的能力,墨尔本必须提供一种更高水平的、具有强烈公共交通导向的土地利用模式。地铁站、电车站附近的土地开发项目需要纳入公共交通规划准则,以确保城市在更新的过程中为不断发展的区域提供高水平的公共交通服务。这一需求在给土地开发与城市更新带来巨大挑战的同时,也为墨尔本的城市复兴计划带来了重大机遇,城市设计需要在南岸区、码头区、城市西部等重点复兴地区探索更紧凑的公共交通连接与土地利用整合模式。

在任何一个地区,公共交通与土地利用的协调发展都是一个极其复杂的城市设计议题,需要强而有力的规划支持。在这方面,墨尔本做了大量工作,如雅顿地区、帕克维尔地区（Parkville）、CBD 北部以及 CBD 南部地区的新地铁站规划都被纳入了《墨尔本市政战略声明》中,《雅顿—麦考利空间结构规划 2012》（Arden – Macaulay Structure Plan 2012）和《城市北部空间结构规划 2012》（City North Structure Plan 2012）也是为土地利用与公共交通协调发展而制定的专项规划,编制规划的目标是为了确保实现土地利用和公共交通规划的充分整合。

要促进公共交通与土地利用协调发展，需要将车站与周围城市用地功能、空间肌理结合起来，尤其需要与完善的步行系统、公共空间网络结合起来，为公共交通对接步行路线创造优先、高效和具有显著吸引力的基础条件，以提高城市流动性、宜居性和经济效益。相对于郊区而言，城市中心区的建设条件极其复杂，任何规划目标的实现都需要消耗大量资金并耗时数年，但促进公共交通与土地利用的协调发展能够对城市运营产生重大影响，为墨尔本创造世界级宜居城市提供支持。

（2）公交网络与步行系统协调发展

在城市人口密度较高的地区，公共交通和步行系统是最有效的交通组合方式。车站或站点区域环境、站与站之间的公共领域必须与方便、合理、安全的步行系统相连接。围绕公共交通枢纽的公共领域设计尤其需要构筑行人优先的，具有高安全性、舒适度和便利性的步行环境，以便于乘客在换乘站和目的地之间自由转换。

以有轨电车为例，墨尔本的有轨电车连接着城市中心区和都市区的主要社区中心。与铁路网的长距离交通运量相比，有轨电车提供了良好的中距离流动性服务。在墨尔本市区，有轨电车每天服务约60万人，运行里程247公里，在一条城市主干道上，有轨电车每小时的载客量可以超过1万人，在进入城市主要路线的高峰时段，有轨电车的客流量超过了机动车客流量。

例如，在卡尔顿地区的尼克森街（Nicholson Street），高达56%的人选择乘坐有轨电车出行。然而，墨尔本的有轨电车也是世界上速度最慢的公共交通工具之一，其整体系统的平均运行速度仅为每小时16公里。在不少地区，为保障机动车交通顺畅，大面积的围栏将公共交通与步行区域隔开，形成了一个不太方便衔接的步行环境，减少了居民选择公共交通出行的意愿。

又如，城市中最重要的公共车站往往是有轨电车与火车的换乘站点。例如，弗林德斯街火车站连接到联邦广场的有轨电车站，以及南十字星火车站和有轨电车网络之间的交汇处，这些地点无论是早晚高峰期还是平峰期都是最繁忙的步行区域。在这些地区，人性化的空间设计和交通处理可以创造一个更具渗透性的步行环境，能够有效缓解因拥挤而产生的交通矛盾。

因此，以火车、有轨电车为主体的公交网络需要通过与城市更新计划的紧密结合来改善步行连接关系，建立一个更公平、无障碍的公共交通系统，在提高运行效率的同时优化步行与公共交通网络的便捷性与舒适性。从相关规划策略来看，墨尔本的公共交通优化方案主要包含三项具体措施。

一是针对放射性的空间结构特点优化公共交通网络,进一步提高公共交通步行可达性。

二是根据潮汐式的交通出行特点灵活调整公共交通运行方案,合理满足市民出行需求。

三是通过优化交通信号系统给予公共交通优先通行权,从而有效提升公共交通的速度与效率。

从步行接驳出发,优化公共交通网络能够显著提升公共空间步行可达性,为步行系统、公共空间建立更人性化的系统联系,为市民选择乘坐公共交通工具创造条件,为发展步行与公共交通相结合的出行模式提供支撑。在墨尔本,以下三项措施提升了步行系统与公共交通的联系度,为步行衔接公共交通提供了人性化服务。

一是通过缩短站间距、改造站台、增建换乘停车场等措施完善公共空间与公共交通的步行衔接关系,建立了二者之间更人性化的步行联系,为同时提升步行交通与公共交通能力创造条件。

二是在城市广场、城市公园、公共建筑等步行系统的重要节点增设公共交通换乘中心,强化步行节点的公共交通可达性。通过建立更紧密的双向联系,墨尔本步行系统的公共交通可达性、公共交通的步行可达性同时得到了显著提高,步行与公共交通联动的综合出行比例预计在2030年将高达70%,成为最重要的交通出行方式。

三是建设新的有轨电车通道,发展高流动性步行系统。新车站通过设计塑造融入周围环境的人行步道与骑行专用道,为行人提供步行优先交通信号管控,同时确保高水平的空间渗透肌理,以满足行人生理和心理需求(如行人对站间距的容忍度)。在这方面,富茨克雷地区、圣基尔达地区一部分新车站的规划设计方案为发展高流动性的公共交通和步行系统提供了较为成功的参考案例。

在以机动车为交通主导的今天,公共交通无疑是建设步行城市最重要的支撑。公共空间、步行系统与公共交通的协同规划的主要意义在于弥补现代城市受道路、土地开发模式影响而广泛存在的街区尺度过大、空间功能分离等普遍性步行障碍。因此,步行系统与公共空间协同规划的重点任务是实现公共交通与步行系统的人性化对接,其主要目的是在进一步提高城市空间步行可达性的同时,鼓励发展步行与公共交通相结合的出行模式(图7-22)。

(3) 共享交通与共享空间协调发展

共享交通是指通过互联网和移动支付等技术手段,将个人出行需求与社会资源进行匹配,实现多人共享同一交通工具的出行方式,是近年来在互联网信息技术支持

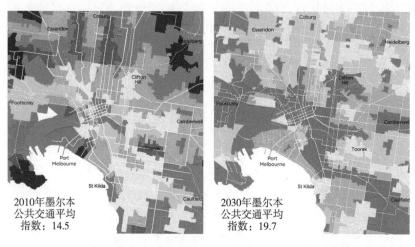

2010年墨尔本
公共交通平均
指数:14.5

2030年墨尔本
公共交通平均
指数:19.7

图 7-22　墨尔本城市中心区公共交通可达性规划(2010—2030)

下发展起来的新交通方式。共享单车、共享汽车、网约车等形式的共享出行已经在国内外许多城市得到广泛应用,这种模式不仅提供了更加便捷、灵活的出行选择,还能够减少交通拥堵、节约资源、改善环境质量。

共享出行作为当代交通科技的重要应用领域之一,不仅满足了人们对便捷、高效出行的需求,也推动着城市交通经济迅速发展。借助互联网技术,共享出行能够实现高效率的时空匹配,极大地改变了世界各国市民的出行方式。在迅速发展的同时,共享出行模式也面临着一些挑战和问题。例如,共享单车乱停乱放、共享汽车维护和管理制度不完善等问题都需要得到有效解决。此外,共享出行模式也需要与城市规划和交通管理相结合,形成有机的整体,只有通过科技创新和政策支持,才能够推动共享出行模式的健康发展。

以共享单车为例,其可作为城市公共交通系统的有益补充。步行可达距离一般为 500 至 800 米,而自行车可达距离为 5 至 10 公里,共享单车与地铁衔接能够有效解决公共交通接驳难题。共享单车的发展提升了出行体验,与传统公共交通形成有效互补,融入了市民的日常出行。畅达便利、低碳环保的出行方式满足了城市居民的出行诉求,已成为很多市民日常通勤的主要交通方式。

我国相关数据显示,截至 2018 年底,全国共享单车用户规模高达 2.35 亿人。在广州,45% 的共享单车出行集中在早晚高峰,载客量相当于 1.5 万辆公交车和 19% 的城市公共交通运力。然而,在我国许多城市,地铁站、车站的设计往往没有考虑或因用地有限而难以布局足够的共享单车停车设施,也缺少衔接地铁站点的社区公交服务,对居民出行有一定的影响。

共享交通是一个快速发展的新兴领域,一系列新概念带来了显著的环境效益和经济效益。共享交通在国际城市中的快速增长表明,人们正在改变购买和使用汽车的生活方式。特别是对于生活和工作在城市核心地区的居民来说,拥有一辆汽车既昂贵又缺乏灵活性,而且是对交通方式的过度投资。事实证明,共享交通是一种催化剂,它减少了市民对汽车的依赖,促使人们从经常使用汽车的生活方式向主要使用公共交通、步行和骑自行车的健康生活方式转变。

墨尔本对共享汽车用户的研究也表明,增加共享交通能带动居民出售私家车或减少私家车购买的数量。同时,共享汽车还能有效减少城市提供机动车停车场的面积和规模。很显然,共享交通是一种有益的高效出行方式,但发展共享交通需要获得配套性的共享空间支持。为此,墨尔本在街道上分配共享汽车停车位,并以类似的方式分配共享单车停车位。2009 年,墨尔本进一步扩大了共享交通的支持力度,在霍都网内 21 条主要街道上扩建共享车位,并在霍都网外围增加了共享车位数量。为了支持共享交通发展,将更多的停车场分配给共享汽车及自行车,墨尔本制定的相应政策包括:

①制定清晰的共享停车位管理流程。

②通过灵活的共享空间分配政策支持不断增长的共享交通发展。

③协调分配权利与分配收益,在城市主干道增加机动车与自行车共享空间。

④推动城市规划、城市交通规划纳入共享交通规划内容,修编城市规划方案,鼓励共享交通发展。

⑤在地区、社区层面协同制定共享交通专项规划政策。

⑥与共享交通运营商合作,将高密度混合用地功能区的停车位优先分配给共享汽车。

促进共享交通与共享空间协调发展与墨尔本交通政策的发展目标和未来愿景高度一致。在相关政策支持下,仅 2016 年,城市中心区就有约 300 个街头停车位分配给了共享汽车使用。延续性的共享计划和逐渐增加的共享空间为墨尔本市民提供了一种新的出行选择。与此同时,作为一种补充力量,共享交通与地铁、有轨电车等其他出行方式也共同支持了墨尔本公共交通网络的可持续发展。

7.2.4 绿地系统与公共空间协同规划

城市绿地是城市建成区或规划区范围内覆有人工或自然植被的用地。城市绿地系统是城市生态系统的子系统,是由城市中不同类型、性质和规模的各种绿地共同构成的一个稳定持久的城市绿色环境体系。与此同时,城市绿地也是市民开展日常休闲活动、为城市提供游憩服务功能的重要场所。从宜居城市的概念来看,城市绿地的健康价值主要体现在两大方面。

一是作为城市生态网络的主要载体,城市绿地能够有效缓解热岛效应、减少噪声污染与空气污染、保护生态物种多样性,对提高城市生态环境质量具有不可替代的重要价值。

二是作为与城市居民连接最紧密的公共空间,城市绿地能够为市民提供休闲游憩、健身娱乐、社会交往等社会服务功能,对促进城市社会环境的健康发展具有重要意义。

国际现代建筑协会在 1933 年通过的《城市规划大纲》(后称《雅典宪章》)中指出,要将城市作为一个整体进行研究,城市规划的主要目的是保障居住、工作、游憩与交通四大功能活动正常进行,要建立城市中不同活动空间的功能关系,并保证各种活动之间处于平衡状态,使城市的各部分功能都得到有机发展。此后,为建立居住、工作、交通与游憩空间的结构关系和促进城市绿地功能系统性发展,编制和实施城市绿地系统专项规划逐渐成为城市规划的重要工作内容。

城市绿地系统规划的主要目的是实现城市与自然和谐共生。在生态环境问题日趋严峻的今天,城市绿地系统的生态价值越来越受到重视。为维持城市生态平衡和改善城市生态环境,世界各大城市都根据自身的自然环境特征和城市形态特征建设了相应的绿地系统,如著名的大伦敦绿带、哥本哈根指状绿带等。

作为人们休闲游憩、社会交往的主要发生地,城市绿地系统无疑充当了公共空间的主要载体,是开展公共空间理论研究与规划实践的重要内容。由于空间的广泛交叉与融合,从系统交互关系出发,城市绿地系统规划应与公共空间规划相结合,通过建立互为补充的功能关系实现二者的共同发展。

与此同时,作为与城市绿地系统有着紧密联系和交互关系的空间系统,城市公共空间在提升绿地生态功能方面也能够扮演一种积极的角色。通过与绿色基础设施、市政工程的有效衔接,公共空间能够辅助城市绿地系统发挥更充分的生态价值。

与国内外许多城市一样,随着气候变化的加剧、城市不透水地表的增加,墨尔本也面临着水资源匮乏和城市内涝等诸多问题。在水敏感城市设计理念(Water Sensitive Urban Design,简称 WSUD)的引导下,墨尔本近年来尤为注重城市水资源的管理和利用,其中,公共空间在节约水资源以及缓解城市内涝等方面发挥了积极作用。

例如，墨尔本具有典型代表性的爱丁堡花园(Edinburgh Garden)就通过增植吸纳污染物能力较强的景观植物、提升硬质地表透水性和新建地下蓄水空间等措施实现了对雨水的收集、净化、存储和利用，极大提升了城市公共空间的生态功能，代表了墨尔本在城市雨水集约化利用方面的进步。

作为著名的世界宜居城市，虽然墨尔本有着相对优质的都市生态环境，但为了进一步提升城市生态质量，建设和发展更宜居、更具特色的城市景观，墨尔本近年来陆续编制了都市森林计划、都市树种多样性发展规划等一系列专项规划，提出了森林城市建设、城市景观树种优化、水敏感城市设计等发展策略，为促进城市公共空间生态多样性与环境可持续发展提供了新的规划指引。

(1) 都市森林计划与绿色开放空间规划

无论身处何地，亲近自然都是人类最基本的本能需要。然而，随着城市生态网络被肢解，在生态结构破碎化的同时，城市公共空间的自然特征，尤其是公共空间与城市自然地理环境的联系趋于弱化。事实上，在城市景观建设过程中，公共空间能够优化城市绿地系统的斑块、廊道、基质结构，有利于城市生态网络的修复与发展，但在以往的城市建设过程中，城市公共空间开发更多考虑的是土地利用与经济利益，而非景观结构和生态功能。

特别是在生态用地严重不足的现实条件下，城市公共空间对补充、完善和发展城市绿地系统的景观结构、生态功能有积极作用。从整体层面考虑，城市绿地系统应该建立更宏观的规划机制，通过绿道、绿廊、绿带串联公共空间，并充分利用立体绿化、屋顶花园、地下蓄水等新生态技术拓展城市生态网络(图7-23)。

通过构筑与绿地系统的生态功能联系，在发挥社会价值的基础上，墨尔本的城市公共空间开始进一步在城市生态环境可持续发展方面扮演更积极的角色。例如，墨尔本的城市绿道是沿自然廊道(河岸、溪谷、山脊)或城市道路、铁路、运河沿线以及其他线路组织的线性开放空间；城市中的主要林荫大道，如圣基尔达路、维多利亚大道和皇家大道也都是绿树成荫的宽敞空间，是城市生态系统的重要组成部分；生态连接是这些绿道的主要特征，以林荫大道为网络基础，都市森林计划将各类城市广场、城市公园甚至城市综合体等公共空间纳入城市绿地系统之中，以更紧密的系统组合关系与功能互补关系放大了其各自的生态效益和社会效益。

除了林荫大道，雅拉河沿岸的滨水绿地对于塑造城市形象、提高城市活力、维持城市繁荣起着重要作用。雅拉河沿岸重要的景观网络是在自然保护区和开放空间规划中留存下来的景观遗产，促进了维多利亚州地域景观文化的继承与发展。森林都市计划重点考虑了对大雅拉公园(the Great Yarra Parklands)从渥伦泰德

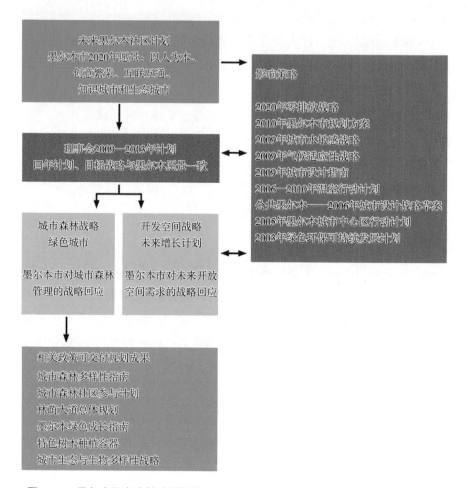

图 7-23　墨尔本都市森林计划框架

(Warrandyte)到海湾地带约 2 450 公顷的土地实施都市绿廊建设,采取严格的管控措施保护开放型的城市生态空间免受侵占,避免了自然景观资源受到城市开发建设的损害(图 7-24、图 7-25)。

　　其他较为重要的滨水公园,包括马瑞巴农河和韦里比河的滨水绿地,以及菲利普湾附近的开放空间,这些公共区域同样吸引了大量居民及游客,许多休闲活动在此开展,周边企业也因此获益。这些滨水公共空间对提高生态环境质量与居民健康福祉尤为重要,也成为墨尔本实施都市森林计划与拓展城市绿廊的重要载体。

　　(2) 城市公共空间景观树种优化

　　虽然与自然景观、与动植物和谐发展的土著人在欧洲人到达之前就已经在墨尔本地区生活了几千年,但墨尔本作为城市的历史却较为短暂,从 1835 年到现在尚未满两百年。

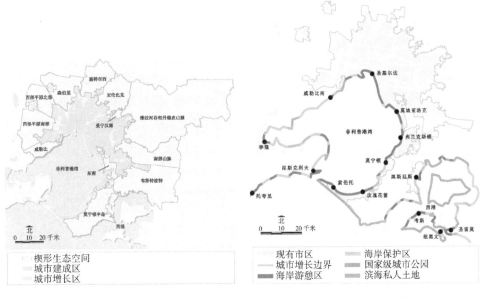

图 7-24   墨尔本 21 世纪都市生态格局　　　图 7-25   墨尔本滨海开放空间生态格局

随着 19 世纪中期欧洲移民的到来,墨尔本及其周边地带的本土植物被大量清除以便于为开发建设新城市提供空间。清除本土植物后,欧洲人带来了他们熟悉的树种在当地进行培养种植,以营造与家乡相似的生活环境。虽然这些外来植物的自然习性与墨尔本的环境特征有很大差别,但其中像金合欢、蓝桉树等树种因生长迅速和能够承受冬季极端湿冷、夏季极端干旱炎热的环境条件,逐渐成为墨尔本占有支配地位的主要树种并迅速在雅拉河流域广泛繁衍。

除了金合欢与蓝桉树之外,银桦、美国白蜡、油松、新西兰松等外来植物也是当时墨尔本城市景观树种的典型代表,广泛种植于都市区内的自然保护区、学校、教堂、墓地与公共花园中。在外来植物入侵的同时,墨尔本都市区范围内的本土乔灌木被大量清除,用以发展澳大利亚的新兴农业。

19 世纪后期,在城市规模迅速扩大的同时,冬季不遮挡充足的阳光、夏季能够提供良好遮阴效果的悬铃木等落叶树种在墨尔本开始受到欢迎并被广泛地应用于道路、公园等城市公共空间中。到了 20 世纪,榆树、悬铃木、橡树、密源葵、栗树、加拿利海枣、大叶榕、金合欢、瓶干树等已经成为墨尔本城市道路与公园绿化的主要树种。

总体来看,在整个 19 世纪,由于生态保护概念尚未形成,在城市发展过程中,墨尔本的本土植物遭受了极大的人为破坏。20 世纪以来,气候改变和环境污染使墨尔本的植物学家意识到,与外来树种相比较,许多本土树种有着更优质的环境适应性与气候适应能力。墨尔本的土壤较为贫瘠且气候干旱缺水,根据相关预测,至 2050 年,气候改变将导致墨尔本的淡水资源下降约 20%。同本土植物相比,外来树种需要更高的养护成本(如供水、施肥、养护以及预防病虫害等成本均较高),但大规模的城市建设已经导致大量本土植物消亡,如今墨尔本地区本土植物的种植比例仅剩约 16%。

综上所述,气候与环境的改变、本土植物的消亡,以及水资源的匮乏等因素共同催生了城市景观树种规划的新生态价值观(图 7-26)。尽管墨尔本今天的城市环境质量在世界城市中已达到较高的发展水平,但要实现城市生态环境的可持续发展,墨尔本仍面临着以下三方面的巨大挑战。

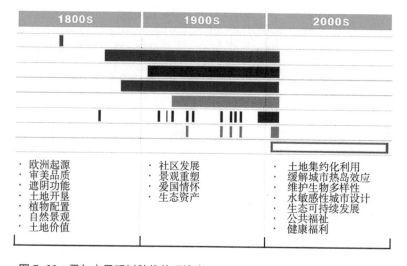

图 7-26   墨尔本景观树种价值观演变

一是墨尔本许多林荫大道的行道树、城市公园内的景观树已经到达自然寿命的临界点,未来景观树木的更新换代量将越来越大。

二是受持续干旱、夏季高温、水资源短缺等多重影响,墨尔本植物寿命不断萎缩的趋势将不可避免地持续加剧。

三是城市公共空间的树种多样性指数较低,远未达到规划的预期目标,对于建设更优质的城市生态环境而言仍有巨大的改进空间。

如果不能较好地应对上述挑战,城市景观质量与生态质量将会面临巨大压力。对此,墨尔本按以下六项原则制定了景观树种规划策略,以确保规划目标的综合效益。

①城市景观树种的优化发展应逐渐适应地域环境与气候的显著改变。

②城市景观树种的优化发展应能对缓解城市热岛效应起到一定的积极作用。

③城市景观树种的优化改善应有利于促进墨尔本水资源科学管控型城市发展。

④城市景观树种的优化改善应有利于促进墨尔本都市生态系统发展。

⑤城市景观树种的优化发展应为民众健康和宜居城市建设服务。

⑥城市景观树种的优化发展应为墨尔本打造世界优质森林都市创造基础条件。

在以上原则的指导下,墨尔本对全市的树种分布数量、分布比例进行了全面普查,完成了一份完整的墨尔本景观树种量化目录。利用该目录,根据环境适应性、遗传与进化能力、遮阴能力等考察内容,墨尔本建立了城市景观树种分类与应用标准,并进一步制定了满足不同地区、环境、土壤条件的景观树种规划方案。

根据规划,墨尔本计划新增加的景观树种均需通过专业测验(该测验包含树种自然特性、生物多样性特征、美学与商业价值、垃圾产量及有效回收率等主要内容),进而根据测验结果优先选择耐旱、抗高温与抗风性好的景观树种进行推广种植,通过测验的树木先行在较小的公共空间和局部道路试种,成功以后再进行推广。这一科学的树种选择机制成为墨尔本城市公共空间环境可持续发展以及森林都市建设的重要依据(表 7-1)。

表 7-1　墨尔本景观树种评价体系

编号	适应力	分值	评定标准
1	耐旱性	1分(低) 3分(中) 5分(高)	耐旱性较差且在持续干旱期无抗旱扩展性 具有一定的抗旱性但抗旱期一般 具有高度抗旱性且抗旱期长,有时间拓展性
2	耐高温性	1分(低) 3分(中) 5分(高)	对短期及持续性高温无忍耐力 对短期高温有忍耐力,但持续抗高温能力一般 耐高温且具有耐高温期的延伸性
3	抗风性	1分(低) 3分(中) 5分(高)	抗风性较差 抗风性较一般,主干具有一定抗风性 具有较强的抗风性,能抵抗较强风暴
4	寿命期	1分(低) 3分(中) 5分(高)	短寿命期(<50 年) 中寿命期(50～100 年) 高寿命期(>150 年)
5	抗污染性	1分(低) 3分(中) 5分(高)	抗污染性较弱 中度抗污染性,具有一定的吸尘力 高度抗污染性,具有较强的污染物吸收力
6	抗病虫害能力	1分(低) 3分(中) 5分(高)	对病原体敏感,难控制 对病原体中度敏感,通过维护管理易控制 对病原体与病虫害低敏感,维护管理成本低

编号	适应力	分值	评定标准
7	潜在变异性	1分(低) 3分(中) 5分(高)	潜在变异性概率高 潜在变异性概率不高,易受突发性环境变化影响 物种特性稳定,低敏感与变异性
8	遮阴性	1分(低) 3分(中) 5分(高)	树冠遮阴性较差,受小气候影响不明显 树冠具有一定遮阴性但季节性影响明显 遮阴性好且受气候及季节性影响小
9	维护成本	1分(低) 3分(中) 5分(高)	受基础设施及潜在影响明显,预期维护成本较高 维护具有典型周期性,易养护 生长及适应力强,维护与管理成本低
10	垃圾产生量	1分(低) 3分(中) 5分(高)	垃圾产生量大,持续时间长,难管理、难回收 垃圾产生量较大但具有明显周期性,易管理回收 垃圾产生量极小,基本无须管理

　　以上述工作为基础,墨尔本进一步确定了景观树种的预期控制目标。从相关调研数据与发展目标对照可以看到,墨尔本面临的最重要的任务是将占绝对支配地位的桃金娘科植物比例由目前的43%降低到20%。这项目标的实现的确比较困难,但墨尔本计划采用加法原则,即通过持续多年增加其他树种总量的办法,使桃金娘科树种比例逐年下降,最终达到规划目标。

　　此外,墨尔本还设计了每五年为一个周期的动态监督计划,动态监督内容包括对不同地区的树种分配原则、建设情况调查,以及树种优化发展与墨尔本森林都市战略等其他相关规划政策之间的协调关系与协调进展,以便于及时分析、有效解决因城市环境变化而面临的新问题。

　　总的规划指导思想认为,环境适应性主要表现在景观树种与生态系统的相互作用上。城市景观树种的环境适应性对墨尔本生态环境发展与生态系统改善的作用是毋庸置疑的,但提升景观树种环境的适应性首先应解决本土以及外来树种的遗传与改良问题,因为这是提升树种环境适应性的先决条件。

　　一是需要大力发展本土野生树种的改良与培育。墨尔本现存的、与人工培育物种具有亲属关系的野生植物种群对城市生态多样性,以及特色景观风貌的营造具有重要意义,因为本土野生树种具有提供改良与培育环境适应性新物种的广大基因库。此外,被特别驯化与培育的野生树种也具有可推广性。基于上述理解,墨尔本计划通过加大本土野生植物的人工培育研究进一步提升其环境适应性,为城市生态与景观多样性优化提供树种储备库。

　　二是减少对人工克隆等培育技术的依赖。墨尔本在景观树种优化发展规划中指出,人工克隆等技术是植物培育的极端方法,在过去的墨尔本,人工培育技术被鼓励发展是因为该技术可实现树种个体的相似性,从而满足城市景观整体感的塑造要求,同时能保证树种具有同样的病虫害抵抗力,以便于统一管理。但克隆技术具有遗传特征单一这一显著缺点,将对城市环境多样性发展产生明显的负面效应,因此,城市景观树种将减少人工培育技术的使用,逐步消减技术对树种多样性发展的消极作用。

三是促进本土与外来树种的平衡发展。城市具有高度人工化特征,包含土壤、水及植物在内的自然原生性特征比例极小。同本土植物一样,一部分非澳大利亚的外来树种在墨尔本具有较高的环境适应性。一个不能忽略的事实是,相当一部分外来树种已经成为墨尔本城市生态及景观系统的重要组成部分。经历了本土植物被消灭、大量外来物种入侵以及环境污染、气候改变等多重因素的冲击后,存活下来的外来植物已经通过事实证明了其顽强的环境适应性,这些树种对优化城市生态环境、发展城市景观也能起到积极作用。规划认为,在保持并发展本土树种的同时,平衡本土与外来树种的比例、促进二者的协调发展同样是优化城市景观树种多样性的有效途径。

通过以上分析可见,墨尔本通过基础资料调研建立完整的树种目录系统,在数据普查的基础上,根据环境发展制定规划目标、规划原则和具体实施策略,在实施过程中进一步通过科学的动态监管机制确保目标逐步实现,其规划具有较严谨的逻辑性和实施性。

从规划内容看,墨尔本的景观树种多样性发展规划并非一份孤立的规划,其中提出的规划策略分别对接了公共空间建设、森林都市建设和城市景观建设,体现了多个领域之间的紧密联系和协同规划思想,这一思路值得我们吸收与借鉴(图7-27)。

值得一提的是,在开展宏观规划的同时,在微观层面,墨尔本计划通过种植技术的优化设计促进景观树木健康生长。该计划通过种植容器(Tree Vault)等景观设计方法建立地上与地下的联系,既为树木根系生长提供更广阔的地下地上交换空间,也为城市景观设计提供了新机会。优化设计后的种植容器可以利用其地上部分设计座椅、公共艺术品等休憩设施与景观设施,是一种将生态技术改良与公共景观设计相结合的较好案例。

与种植技术相结合,墨尔本还针对城市景观树木进行了灌溉技术改良等一系列的配套技术研发工作,利用新材料、新技术解决行道树根系发达导致的生长空间以及吸水性不足等突出问题。在材料方面,墨尔本在种植土壤层上方铺设渗透性较强的新材料以增加土壤水氧交换量,减小树木生长与硬质铺装的环境冲突。与此同时,墨尔本积极推动水资源循环利用与植物灌溉系统的对接设计,利用道路排水管口与种

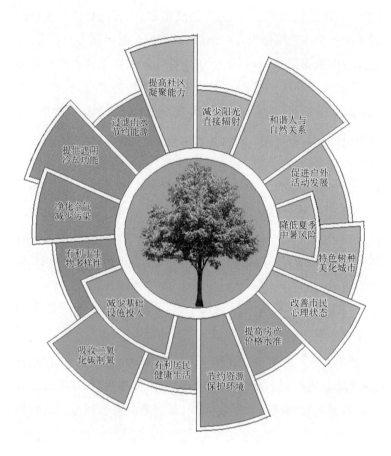

图 7-27　城市景观植物多元价值认知

植容器的衔接实现了排水系统的灌溉利用，这种改良技术可以提高雨水循环效率，能够有效利用净化后的城市地表水滋养因被硬质铺装包围而水分吸收严重不足的行道树。

综上所述，从宏观的都市绿廊规划到中观的水敏感城市设计，再到专业性的景观树种规划，乃至微观的公共景观设计，墨尔本将城市公共空间与城市环境影响的科学评估紧密结合，通过与上述规划的交叉协调推动了新世纪城市公共空间的可持续发展。

（3）水敏感城市设计与滨水公共空间改造

20 世纪 90 年代，高速发展的城市化进程导致的环境污染、资源消耗问题引发了世界各国对城市发展模式的再思考。1996 年，在伊斯坦布尔召开了第二届联合国人类住区会议（人居二），确立了"城市化进程中人类住区可持续发展"这一会议主题，为城市转型发展指明了新方向。自联合国"人居二"会议召开以来，可持续发展理念迅速成为世界各国城市规划研究的关注焦点,城市设计领域自此开始了适应性理论方法的积极探索,用于指导具体的城市建设实践。在澳大利亚,水敏感城市设计理念的出现正是可持续发展思想应用的具体表现。

澳大利亚年均降雨量极少,是世界上最干燥的大陆,约有三分之二的国土面积处于干旱或半干旱地带,几乎整个澳大利亚常年受到干旱的威胁。悉尼、墨尔本等大城市中的道路和建筑密集,不透水地表更是破坏了城市水循环的自然平衡,传统的雨洪管理模式旨在将雨水快速收集并排出城市,但暴雨径流具有大流量、高峰值的典型特点,经常超出城市基础设施的排水能力,导致城市内涝频发。

因此,在干旱少雨的澳大利亚,城市水系统、水环境问题一直受到当地政府的高度重视。为提高雨水资源利用率,自20世纪80年代至今,澳大利亚联邦政府持续对水务系统及其相关领域进行改革,其中,20世纪90年代孕育的水敏感城市设计理念,就是在传统雨洪管理模式反思的基础上应运而生的城市设计新概念。水敏感城市设计旨在通过不同尺度、不同领域的协同方法将城市规划、城市设计与雨水、污水、生活用水、地下水管理等市政工程结合起来,使城市水循环,尤其是雨水资源的利用达到最优化。

水敏感城市设计将"水"置于城市设计的顶端并将其贯穿整个设计过程,植入每个设计环节,使水资源的储存、利用能够在一个"可持续发展"的城市设计框架中运行。通过高质量的城市设计,包括雨水处理、污水再利用、吸水植物设计、透水铺装设计等手段,水敏感城市设计能够将自然界的水循环系统与城市建成环境的水循环系统有机联系起来,从而提高城市对雨水资源的利用能力,增强对洪涝灾害的免疫能力。

在《水敏感城市设计最佳规划实践》(WSUD Best Planning Practice,简称BPP)与《水敏感城市设计最佳管理实践》(WSUD Best Management Practice,简称BMP)中,澳大利亚明确提出,地方、州和联邦政府制定的各项城市发展政策需要将水敏感城市设计理念和城市规划过程相结合,并将水敏感城市设计纳入各州的规划法律体系和规划管理体系。在此基础上,水敏感城市设计的具体内容不受联邦政府控制,由各州自行制定,以便于各地灵活应对各不相同的自然地理特征和城市建设情况,这一指导方针为澳大利亚开启生态城市建设的新时代提供了方向。

如同国内其他地区一样,极端天气与气候变化也对墨尔本的水资源管理有着巨大影响,如降雨量不稳定、干旱频率和严重程度显著增加、极端气候发生频率改变等。这些因素增加了墨尔本的水资源压力,使城市难以保持水系统供需平衡。在上述背景下,墨尔本开始全面审视生态环境修复与建成环境改造的互动机制。

作为较早开展水敏感城市设计实践的代表性城市,依托 1999 年编制出台的《墨尔本水敏感城市设计导则与应用模型:城市中心区行动计划》(City of Melbourne WSUD Guidelines and Applying the Model WSUD Guidelines: An Initiative of the Inner Melbourne Action Plan),墨尔本不但建立了系统化的城市设计模式,更进一步制订了详细而具体的工程实施计划。水敏感城市设计理念的应用是墨尔本城市设计进程中的一次划时代的技术转型。更为重要的是,通过建立完善的技术体系与操作流程,水敏感城市设计理念在墨尔本成功转化为一种能够被广泛应用的公共空间改造模式,代表了一种城市公共空间新设计范式的形成。

导则出台后,墨尔本对菲利普港、雅拉河、马里伯农河等城市建成环境中的滨水公共空间开展了大规模的城市更新实践。在雨水资源利用、生态环境保护等方面取得显著成效的同时,导则制定的系统化方案有效确保了水敏感城市设计理念在城市公共空间设计实践中的贯彻实施。在码头区、南岸区,开放空间的规划布局通常要结合场地排水廊道布置,这种将雨水管理系统结合公共空间的规划设计方法可以获得社会、经济和生态的多重效益(图 7-28、图 7-29)。

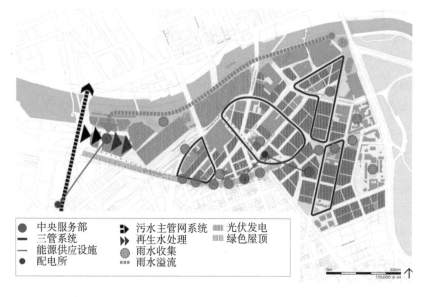

图 7-28　南岸区水敏感城市设计

在滨水空间改造过程中,墨尔本考虑各种水系统之间的相互影响,将城市水循环与公共空间规划有机结合,注重水循环过程中对水质的控制,将流域管理、雨水收集、生活供水、污水处理、中水回用等环节整合到一个体系中。针对城市水文系统中雨水管理的相应要求,墨尔本主要对公共开放空间及其场地的景观要素进行设计和组织,

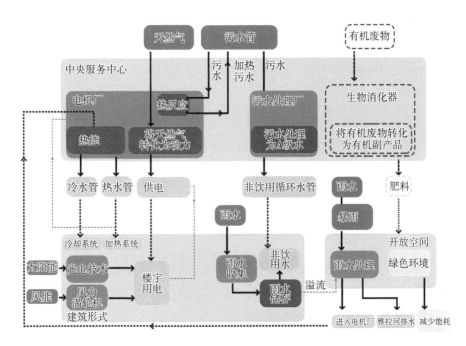

图 7-29　墨尔本水系统运行机制

注重场地设计与景观化和生态化的雨水设施相结合,使暴雨径流能够经过雨水保持、滞留、渗透、处理和再利用等各个阶段后再排泄到城市排水管道中,以此保障城市暴雨管理措施的顺利实施。

　　同时,墨尔本也将各类城市公共空间的生态修复工作作为水循环管理的重要影响因素,构建了由蓝色走廊和绿色走廊组成的生态空间网络,将雨水管理系统与城市公共空间进行串联,作为城市绿色基础设施的共同基础,建立了一种多尺度的雨洪管理机制,体现了城市雨洪管理体系在公共空间系统中的应用。

　　作为对城市公共空间实施雨洪管理的代表性城市,墨尔本的城市设计实践既改变了单纯依靠扩大城市排水设施容量减少洪涝灾害的传统规划思维,又促成了城市公共空间向多元目标发展的新趋势,这种转变对拓展城市公共空间的生态服务价值,推动城市建成环境满足生态环境保护需求具有积极意义。水敏感城市设计模式在墨尔本的理论探索和实践创新表明,通过城市水文管理、规划设计和工程技术的有机整合,能够推动城市公共空间更加适应城市水系统的整体保护与综合利用,助力城市生态环境可持续发展。

　　水敏感城市设计虽然含有"城市设计"一词,但其内容跨度远远超出了"城市设计"的传统范畴。在以往,城市规划设计与市政工程设计分属两个不同的城市建设体系,其操作机制相对独立。通过建立公共空间与雨洪管理的互动机制,水敏感城市设计转向了设计、工程、管理等多学科交叉、多方参与的协同合作模式，由此建立了"规划战略—技术规范—设计导则—应用模式"的完整体系，为墨尔本的城市公共空间发展再一次贡献了新思路与新方法（图7-30）。

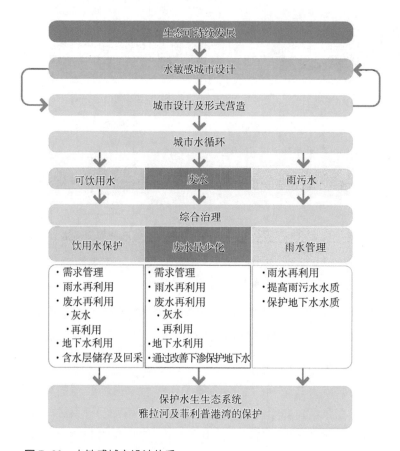

图7-30　水敏感城市设计体系

　　作为开展各类公共活动的主要载体,城市公共空间能够定义和加强城市功能、提升城市活力,对于城市环境的可持续发展有着举足轻重的作用。作为建成环境的重要组成部分,城市公共空间是一个多要素、多层次、多功能的复杂系统,涉及政治、经济、社会、文化等多重发展目标。因此,城市公共空间规划既复杂又充满挑战,是一项牵涉面极广、难度极高、综合性极强的规划工作,但这项工作对于城市经济、社会以及环境发展的长远益处不可估量。长期以来,墨尔本为实现城市公共空间可持续发展付出的坚持不懈的努力生动表达了这座城市的规划决策者、研究者对于城市公共空间价值的高度认可。

　　墨尔本城市公共空间发展的核心动力是城市规划的理论实践充分结合了不同历史时期城市发展议题的审慎思考与积极回应。在城市化进程中,随着经济、社会和环境的持续变化,城市不断产生新的变化,制造新的挑战,墨尔本城市公共空间的发展历程生动地反映了五个城市发展阶段所须应对的建成环境挑战。

　　第一个阶段是满足市民日常生活的基本诉求。在城市形成初期,虽然霍都网为墨尔本奠定了今日空间格局之基础,但当时的殖民地官员与规划者未能充分预测城市的增长速度与发展规模,彼时,公共空间对于城市经济、社会、文化发展的重要意义亦未得到充分重视,加之殖民地官员对于政治活动有意识的管控,霍都网内未对公共空间用地进行合理安排。发现金矿后,随着城市人口爆炸式增长,交通、污染、拥挤等问题日益突出,大量外来移民社会关系单一、生活乏味,他们对广泛的户外公共活动、社会交往有着强烈需求,这些需求在既有城市空间里难以获得满足,上述种种矛盾最终引发了霍都网内聚焦于街道改造的早期城市更新实践。这一时期,西方城市公共空间概念初兴,城市建设的决策者与规划者主要面对的是城市居民对城市空间的现实发展诉求,街道作为有限的、可操作的公共空间,成为墨尔本早期城市更新的主体对象。通过制定一系列系统化的城市设计策略,街道的空间功能与物理环境得到了很大改观,由此,步行在墨尔本成为极具吸引力的休闲方式,这在很大程度上带动了购物、社交等商业、公共行为，刺激了城市中心区的社会活力，可以说，这一阶段城市更新实践的意义是深远的，街道改造产生了显著效果，为墨尔本奠定了以城市公共空间更新优化城市建成环境、提升城市社会活力的发展轨迹。

第二阶段是适应城市扩张背景下郊区公共生活的改善需求。与其他西方城市一样，20世纪以来，随着工业结构的现代化转型，以霍都网为原点，墨尔本迎来了都市区扩展新发展模式，工业转型支撑了城市人口、交通以及其他基础设施迅速向郊区蔓延，大量新郊区的出现带来了城市发展模式的思辨。居民之所以大规模外迁至广大城郊地带，是因为与城市中心区相比，郊区住宅价格低廉、环境优美，带着这种目的，在郊区规划中，对社区花园、住宅模式、居住环境的思考尤其重要，由此，墨尔本将城市公共空间规划的关注视野从霍都网转向了更广阔的郊区地带。同一时期，欧洲、美国的城市开放空间规划也开始在都市区视野下进行着更具宏观性的规划实践，伦敦、哥本哈根、波士顿等城市都有经典的规划案例。通过征收、购买土地，结合对生态资源的考察与利用，墨尔本编制了都市公园系统规划，将城市公共空间格局从传统的城市中心区拓展到了上千平方公里的都市区，不但促进了城市公共空间理论实践的发展，对于城市发展模式而言，由开放空间引导都市区增长的新理念也由此得以确立。

第三个阶段是为实现城市复兴而制定的城市设计决策。都市区扩展是一把双刃剑，一座城市的各项资源是有限的，在大都市空间格局确立的同时，各类要素向郊区广泛扩散，带来的结果之一是城市中心区的衰落，这种现象在美国也被称为内城衰落。20世纪80年代至90年代，墨尔本经历过一个城市中心区衰落的高峰期，霍都网内居住人口锐减对墨尔本、维多利亚州乃至澳大利亚经济社会发展的负面影响不可估量。作为一个国家的中心城市，无论郊区如何发展，城市中心区都需要承担影响区域发展的一系列核心功能，人口流失后，所有的核心功能，包括总部经济、商业规模、文化功能、国际交往都受到了显著影响，让人口回流，促进城市中心区复兴，成为城市可持续发展的必然选择。在这种情况下，目睹了现代城市规划的诸多弊端，吸收其他国际城市的成功经验与失败教训，经过审慎决策，墨尔本摒弃了大拆大建的城市改造思路，决定采取渐进式、小规模的城市更新方案，逐步恢复了城市中心区的生机与活力。在实践过程中，墨尔本开展的城市公共空间规划从街道进一步延伸到了公园、广场、公共建筑等其他城市空间，城市公共空间研究视野也从聚焦建成环境改造转向以关怀民众社会生活为根本出发点，与之相应的，研究内容中也增加了文化、艺术、商业等诸多新的人文规划要素，得益于长期坚持的延续性研究与实践，城市公共空间规划理论、方法也得到了大发展、大突破，形成了宜居城市理念的基本雏形。

第四个阶段是现代城市空间的转型探索。在后工业时代，墨尔本的传统工业区面临着转型成为新城市中心区的时代挑战，在此过程中，城市设计需要解决诸多前所未有的新议题。将传统工业用地转化为新城市中心是一项复杂工程,既涉及土地权属置换问题,更涉及置换后的工业用地如何改造等一系列新问题。对于墨尔本而言,大宗工业用地集中布置在紧邻城市中心区的河流沿岸,这些工业区地理位置优越,能否成功转变为好用的、受欢迎的新城市中心,事关墨尔本的未来发展。码头区、南岸区的转型发展,从设计理念、空间结构到功能系统、基础设施,墨尔本都采取了极为慎重的态度,尤其对于公共空间系统的塑造,墨尔本更是倾注了大量努力,结合多年来对霍都网的改造经验,新城市滨水空间形态的突破式创新、各类文化艺术建筑的兴建、水敏感城市设计模式的植入,一系列行动都表明,墨尔本为助推两个城市新区转型付出了巨大努力。今天,码头区、南岸区已成功转型为与霍都网紧邻的两个新城市中心,与霍都网共同扮演了牵引墨尔本城市内核可持续发展的关键角色。

第五个阶段是宜居城市竞争力驱动的综合价值诉求。21 世纪以来,全球城市竞争愈发激烈,在新的国际环境下,从城市竞争的诸多微妙变化中能够发现,传统的工业、产品竞争逐渐成为过去式,城市作为人的集合体的概念被放大,消费、服务功能成为城市竞争的关键要素,如何在竞争中胜出,人是核心,而如何吸引人,如何吸引人才,成为参与全球竞争的每一座城市需要解决的关键问题。所谓宜居城市,就是通过优质的人居环境吸引人口流入,有了人口,消费、服务功能自然随之而来。在新世纪的城市发展决策中,墨尔本已经明确将建设国际宜居城市定位为城市发展总体目标,当然,评判宜居城市涉及多项评价指标,但不论其内涵覆盖面有多广,公共空间都是直接影响人居环境的关键要素之一,是宜居城市建设必备之基础。正因如此,新世纪墨尔本的城市公共空间规划实践发生了两大显著变化,一是城市公共空间的定位得到了前所未有的提高,成为引领城市发展的战略性规划内容;二是城市公共空间的综合性价值内涵在各项规划中都得到了充分体现,在宜居城市目标下,城市公共空间全面融入城市总体规划与各类专项规划,如何促进城市公共空间可持续发展成为城市规划体系中不可或缺的一项核心议题。从同类城市对比的视角看,上述两个方面的显著变化表明,墨尔本的城市公共空间实践依然会走在国际前列,这一趋势必然会引领学科交叉、研究范式发生变革,进而对城市公共空间理论的深化发展产生巨大推动力。

在以上五个阶段理论的实践过程中,墨尔本充分证明了公共空间对于一座城市的重要价值和长远意义。改革开放至今,我国一直处于城市化高速发展的高峰阶段,为适应这种发展现状,现代城市规划理论大量引入国内,为城市规划研究与城市建设实践发挥了积极作用。经过多年的快速发展,我国大多数城市公共空间的数量和规模已颇为可观,但随着城市化进程转入高质量新阶段,公共空间的发展方向也需要从"量"的极速扩张转移到"质"的优化提升上来。

　　在历史进程中，墨尔本的城市公共空间规划理论与具体实践始终与时代发展背景、城市发展问题、城市规划议题紧密结合，正因如此，墨尔本城市公共空间理论与实践的流变为协调一系列城市发展矛盾与解决一系列城市发展议题提供了可操作的现实途径。可以清晰地看到，墨尔本坚持不懈的实践探索不断孕育出新的规划理念，创造出新的规划方法，衍生出新的治理范式，以此助力了城市公共空间理论研究与建设实践的持续发展，对我国开展城市公共空间理论研究与规划实践也具有借鉴意义。

参考文献

[1] 哈贝马斯.公共领域的结构转型[M].曹卫东等,译.上海:学林出版社,1999.

[2] 林奇.城市意象[M].方益萍,何晓军,译.北京:华夏出版社,2001.

[3] 盖尔.交往与空间[M].何人可,译.北京:中国建筑工业出版社,2002.

[4] 柯林斯.现代建筑设计思想的演变(第二版)[M].英若聪,译.北京:中国建筑工业出版社,2003.

[5] 盖尔,吉姆松.公共空间·公共生活[M].汤羽扬,王兵,戚军,译.北京:中国建筑工业出版社,2003.

[6] 苏贾.后现代地理学:重申批判社会理论中的空间[M].王文斌,译.北京:商务印书馆,2004.

[7] 芒福德.城市发展史——起源、演变和前景[M].宋俊岭,倪文彦,译.北京:中国建筑工业出版社,2005.

[8] 雅各布斯.美国大城市的死与生[M].金衡山,译.南京:译林出版社,2005.

[9] 格拉夫梅耶尔.城市社会学[M].徐伟民,译.天津:天津人民出版社,2005.

[10] 哈维.希望的空间[M].胡大平,译.南京:南京大学出版社,2006.

[11] 泰勒.1945年后西方城市规划理论的流变[M].李白玉,陈贞,译.北京:中国建筑工业出版社,2006.

[12] 特兰西克.寻找失落空间:城市设计的理论[M].朱子瑜,张播,鹿勤,等译.北京:中国建筑工业出版社,2008.

[13] 盖尔.人性化的城市[M].欧阳文,徐哲文,译.北京:中国建筑工业出版社,2010.

[14] 罗尔斯.作为公平的正义:正义新论[M].姚大志,译.北京:中国社会科学出版社,2011.

[15] 王敏,魏兵兵,江文君,等.近代上海城市公共空间(1843—1949)[M].上海:上海辞书出版社,2011.

[16] 卡莫纳,蒂斯迪尔,希斯,等.公共空间与城市空间——城市设计维度(原著第二版)[M].马航,张昌娟,刘堃,等译.北京:中国建筑工业出版社,2015.

[17] 苏贾.寻求空间正义[M].高春花,强乃社,等译.北京:社会科学文献出版社,2016.

[18] 李昊.公共空间的意义——当代中国城市公共空间的价值思辨与建构[M].北京:中国建筑工业出版社,2016.

[19] 董艳."社会"与公共空间[M].北京:时事出版社,2016.

[20] 邵大伟.城市开放空间格局及其优化调控:以南京为例[M].南京:东南大学出版社,2018.

[21] 陈立镜.城市日常公共空间理论及特质研究:以汉口原租界为例[M].武汉:华中科技大学出版社,2019.

[22] 吕来明.城市公共空间商业化利用法律问题研究[M].北京:法律出版社,2019.

[23] 朱小地.中国城市空间的公与私[M].北京:中国建筑工业出版社,2019.

[24] 韩书瑞.北京:公共空间和城市生活(1400—1900)[M].孔祥文,译.北京:中国人民大学出版社,2019.

[25] 周祥.广州城市公共空间形态及其演进(1759—1949)[M].北京:社会科学文献出版社,2019.

[26] 傅岚.杭州主城区滨水公共空间演化研究[M].南京:东南大学出版社,2020.

[27] 阿伦特.人的境况(第二版)[M].王寅丽,译.上海:上海人民出版社,2021.

[28] 吴良镛.21世纪建筑学的展望[J].城市规划,1998(6):10-21+60.

[29] 赵蔚.城市公共空间的分层规划控制[J].现代城市研究,2001(5):8-10+22.

[30] 邱书杰.作为城市公共空间的城市街道空间规划策略[J].建筑学报,2007(3):9-14.

[31] 陈竹,叶珉.什么是真正的公共空间?——西方城市公共空间理论与空间公共性的判定[J].国际城市规划,2009,24(3):44-49+53.

[32] 陈竹,叶珉.西方城市公共空间理论——探索全面的公共空间理念[J].城市规划,2009(6):59-65.

[33] 代伟国,邢忠.转型时期城市公共空间规划与建设策略[J].现代城市研究,2010,25(11):12-16+22.

[34] 孙彤宇.从城市公共空间与建筑的耦合关系论城市公共空间的动态发展[J].城市规划学刊,2012(5):82-91.

[35] 王祝根,张青萍.墨尔本城市公共空间规划策略及意义分析[J].现代城市研究,2015(11):14-19+40.

[36] 王祝根,昆廷·史蒂文森,何疏悦.基于协同规划的步行城市建设策略——以墨尔本为例[J].城市发展研究,2018,25(1):77-86.

[37] 王祝根,昆廷·史蒂文森,李晓蕾.墨尔本人性化城市设计30年发展历程解读[J].国际城市规划,2018,33(2):111-119.

[38] SMITH D M. Geography and social justice[M]. Oxford：Blackwell,1994.

[39] LEWIS M. Melbourne：The City's history and development[M]. Melbourne：Impact Printing (Vic.) Pty Ltd,1995.

[40] HAJER M, REIJNDORP A. In search of new public domain[M]. Rotterdam：NAi Publishers,2001.

[41] MITCHELL D. The Right to the city：Social justice and the fight for public space[M]. New York：The Guilford Press,2003.

[42] WHITE S K. The recent work of Jurgen Habermas：Reason, justice & modernity[M]. Cambridge：Cambridge University Press,2003.

[43] HARVEY D. Social justice and the city[M]. Athens, GA：University of Georgia Press,2009.

[44] SOJA E W. Seeking spatial justice[M]. Minneapolis：The University of Minnesota Press,2010.

[45] CARMONA M, TIESDELL S, HEATH T, et al. Public places—Urban space：the dimensions of urban design[M]. Oxford：Elsevier,2010.

[46] KRUMHOLZ N. Making equity planning work[M]. Philadelphia：Temple University Press,2011.

[47] MEHTA V. The street：A quintessential social public space[M]. Oxon：Routledge,2013.

[48] MADANIPOUR A, KNIERBRIN S, DEGROS A. Public space and the challenges of urban transformation in Europe[M]. New York：Routledge,2014.

[49] MOECKLI D. Exclusion from public space[M].Cambridge：Cambridge University Press,2016.

[50] ALEXANDER C. Acity is not a tree[J]. Architectural Forum,1965, 122(1-2)：58-122.

[51] STONE A, HARDWIG J. The uses of disorder：personal identity andcity life, richard sennet[J]. The Philosophy Forum, 1973,13(3-4)：271-282.

[52] AHERN J. Planning for an extensive open space system：linking landscape structure and function [J]. Landscape and Urban Planning,1991,21(1-2)：131-145.

[53] TALEN E. The social equity of urban service distribution：an exploration of park access in Pueblo, Colorado, and Macon, Georgia[J]. Urban Geography, 1997,18(6)：521-541.

[54] TALEN E, ANSELIN L. Assessing spatial equity：an evaluation of measures of accessibility to public playgrounds[J]. Environment and Planning A,1998,30(4)：595-613.

[55] DEVERTEUIL G. Reconsidering the legacy of urban public facility location theory in human geography[J]. Progress in Human Geography,2000,24(1)：47-69.

[56] THOMPSON C W. Urban open space in the 21st century [J]. Landscape and Urban Planning, 2002,60(2)：59-72.

[57] SOUTHWORTH M. Designing the walkable city[J]. Journal of Urban Planning and Development,

2005,131(4):246-257.

[58] KOOHSARI M J, KACZYNSKI A T, GILES-CORTI B, et al. Effects of access to public open spaces on walking: is proximity enough? [J]. Landscape and Urban Planning,2013,117:92-99.

[59] LEE J, HONG I. Measuring spatial accessibility in the context of spatial disparity between demand and supply of urban park service[J]. Landscape and Urban Planning,2013,119:85-90.

[60] TALEAI M, SLIUZAS R, FLACKE J. An integrated framework to evaluate the equity of urban public facilities using spatial multi-criteria analysis[J]. Cities,2014,40:56-69.

[61] IBES D C. A multi-dimensional classification and equity analysis of an urban park system: a novel methodology and case study application [J]. Landscape and Urban Planning, 2015, 137: 122-137.

[62] KIM J, NICHOLLS S. Using geographically weighted regression to explore the equity of public open space distributions[J]. Journal of Leisure Research,2016,48(2):105-133.

[63] EKKEL E D,VRIES S D. Nearby green space and human health: evaluating accessibility metrics [J]. Landscape and Urban Planning,2017,157:214-220.

[64] KIM J,NICHOLLS S. Access for all? Beach access and equity in the Detroit metropolitan area[J]. Journal of Environmental Planning and Management, 2017,61(7):1137-1161.

[65] TAN P Y, SAMSUDIN R. Effects of spatial scale on assessment of spatial equity of urban park provision [J]. Landscape and Urban Planning,2017,158:139-154.

[66] BOULTON C, DEDEKORKUT-HOWES A, BYRNE J. Factors shaping urban green space provision: a systematic review of the literature[J]. Landscape and Urban Planning,2018,178:82-101.

[67] TheMetropolitan Town Planning Commission. Plan of general development Melbourne [R]. Melbourne: The Metropolitan Town Planning Commission,1929.

[68] Melbourne and Metropolitan Board of Works. Melbourne metropolitan planning scheme 1954[R]. Melbourne: Melbourne and Metropolitan Board of Works,1954.

[69] Melbourne and Metropolitan Board of Works. Melbourne metropolitan planning scheme 1954: Surveys and analysis[R]. Melbourne: Melbourne and Metropolitan Board of Works,1954.

[70] Melbourne and Metropolitan Board of Works. Planningpolicies for the Melbourne metropolitan region[R]. Melbourne: Melbourne and Metropolitan Board of Works,1971.

[71] Melbourne and Metropolitan Board of Works. Planning policies for the Melbourne metropolitan region and amending planning schemes: Report on general concept objections[R]. Melbourne: Melbourne and Metropolitan Board of Works,1974.

[72] Melbourne and Metropolitan Board of Works. Metropolitan strategy implementation [R].

Melbourne: Melbourne and Metropolitan Board of Works, 1981.

[73] Department of Planning, Victoria. Planning our city: city of Melbourne (central city) interim development order[R]. Melbourne: Department of Planning, Victoria, 1982.

[74] Australian Road Research Board. Streets for people—A pedestrian strategy for the central activities district of Melbourne[R]. Melbourne: Australian Road Research Board, 1985.

[75] City of Melbourne. Grids andgreenery—The character of inner Melbourne[R]. Melbourne: City of Melbourne, 1987.

[76] GEHL J. Places for people[R]. Melbourne: Gehl Architects, 1994.

[77] Government of Victoria. Livingsuburb: A policy for metropolitan Melbourne in to the 21st century [R]. Melbourne: Government of Victoria, 1995.

[78] State of Victoria. Melbourne 2030—Planning for sustainable growth[R]. Melbourne: State of Victoria, 2002.

[79] GEHL J. Places for people[R]. Melbourne: Gehl Architects, 2004.

[80] Melbourne Water. City of Melbourne WSUD guidelines applying the model WSUD guidelines: An initiative of the inner Melbourne action plan Melbourne[R]. Melbourne: Melbourne Water, 2005.

[81] HULLS R. Southbank plan[R]. Melbourne: Victorian Government Department of Sustainability and Environment Melbourne, 2007.

[82] Department of Transport. 2009 mode share, victorian integrated survey of travel and activity [R]. Melbourne: Department of Transport, 2009.

[83] CROWLEY L. Southbank sustainable utilities study [R]. Melbourne: AECOM Australia Pty Ltd, 2010.

[84] Project Management Working Group. Southbank structure plan 2010: A 30-year vision for Southbank structure plan 2010 [R]. Melbourne: AECOM Australia Pty Ltd, 2010.

[85] City of Melbourne. Transport strategy 2012: Planning for future growth[R]. Melbourne: City of Melbourne, 2012.

[86] City of Melbourne. Urbanforest strategy: Making a great city greener 2012-2032[R]. Melbourne: City of Melbourne, 2012.

[87] City of Melbourne. City of Melbourne open space strategy-open space contributions framework [R]. Melbourne: Environment & Land Management Pty Ltd, 2012.

[88] City of Melbourne (2012) planning scheme amendment C162—The new municipal strategic statement [R]. Melbourne: City of Melbourne, 2012.

[89] City of Melbourne. Docklandspublic realm plan[R]. Melbourne: City of Melbourne, 2012.

[90] City of Melbourne. 2011 tree species selection strategy for the city of Melbourne [R]. Melbourne: City of Melbourne,2012.

[91] City of Melbourne. Urban forest strategy [R]. Melbourne:City of Melbourne,2012.

[92] City of Melbourne. Openspace strategy planning for future growth[R]. Melbourne: Thompson Berrill Landscape Design Pty Ltd,2012.

[93] City of Melbourne. Open space strategy: Open space contributions framework[R]. Melbourne: Environment & Land Management Pty Ltd, Thompson Berrill Landscape Design Pty Ltd,2012.

[94] City of Melbourne. Open space strategy planning[R]. Melbourne: Thompson Berrill Landscape Design Pty Ltd, Environment & Land Management Pty Ltd,2012.

[95] Victorian Government Department of Environment and Primary Industries Melbourne. Biodiversity conservation strategy for Melbourne's growth corridors[R]. Melbourne: Victorian Government Department of Environment and Primary Industries Melbourne,2013.

[96] State of Victoria. Plan Melbourne: Metropolitan planning strategy [R]. Melbourne: State of Victoria,2014.

[97] City of Melbourne. Walking plan[R]. Melbourne:City of Melbourne,2014.

[98] City of Melbourne. Places for people—Establishing a platform of evidence to shape Melbourne's future[R]. Melbourne:City of Melbourne,2015.

[99] City of Melbourne. Loca liveability study[R]. Melbourne:City of Melbourne,2015.

[100] Victoria State Government. Guidelines for developing principal pedestrian networks [R]. Melbourne:Victoria State Government,2015.

[101] City of Melbourne. Places forpeople[R]. Melbourne: City of Melbourne,2015.

[102] City of Melbourne. Inner Melbourne action plan 2015-2025[R]. Melbourne:City of Melbourne,2015.

[103] City of Melbourne. Bicycle plan 2016 - 2020 [R]. Melbourne:City of Melbourne,2016.

[104] Victoria State Government. Plan Melbourne 2017-2050[R]. Melbourne: Victoria State Government, 2017.

[105] Victoria State Government. Plan Melbourne 2017-2050: Five-year implementation plan[R]. Melbourne:Victoria State Government,2017.

[106] City of Melbourne. Transport strategy refresh background paper increasing the use of bicycles for transport[R]. Melbourne:City of Melbourne,2018.

插图和附表索引

Melbourne,2008.

图 2-1:墨尔本区位
图片来源:https://www.guideoftheworld.com/collection-australia-maps.html.

图 2-2:第二代墨尔本子爵威廉·兰姆
图片来源:The Metropolitan Town Planning Commission. Plan of general development Melbourne[R].
Melbourne,1929.

图 2-3:墨尔本城市肌理(红色范围为城市中心区)
图片来源:作者绘

图 2-4:墨尔本城市环境
图片来源:作者拍摄

图 2-5:墨尔本大学
图片来源:https://study.unimelb.edu.au/student-life/campus-and-facilities.

图 2-6:雅拉河岸公园
图片来源:https://www.melbourne.vic.gov.au/SiteCollectionDocuments/domain-parklands-master-
plan.pdf.

图 2-7:墨尔本联邦广场
图片来源:https://www.visitvictoria.com/regions/Melbourne/See-and-do/Art-and-culture/Architecture-
and-design/Fed-Square.

图 2-8:墨尔本维多利亚市场
图片来源:https://www.visitvictoria.com/regions/Melbourne/See-and-do/Shopping-and-fashion/
Markets/Queen-Victoria-Market.

图 2-9:墨尔本板球场
图片来源:https://whatson.melbourne.vic.gov.au/things-to-do/melbourne-cricket-ground-mcg.

图 2-10:墨尔本弗莱明顿赛马场
图片来源:https://paulickreport.com/news/ray-s-paddock/tales-australia-everythings-coming-
flemington-roses/.

图 3-1:规划师罗伯特·霍都
图片来源:The Metropolitan Town Planning Commission. Plan of general development Melbourne[R].
Melbourne,1929.

图 3-2:"霍都网"规划方案
图片来源:LEWIS M. Melbourne: The city's history and development[M]. Melbourne: Impact Printing
(Vic.) Pty Ltd,1995.

图 3-3:墨尔本景象(1838 年)

图 3-15:墨尔本对外交通疏散结构(1951 年)

图片来源:Melbourne and Metropolitan Board of Works. Melbourne metropolitan planning scheme 1954[R]. Melbourne,1954.

图 3-16:"霍都网"交通事故发生地调查(1927 年)

图片来源:The Metropolitan Town Planning Commission. Plan of general development Melbourne[R]. Melbourne,1929.

图 3-17:城市道路交通规划(1954 年)

图片来源:Melbourne and Metropolitan Board of Works. Melbourne metropolitan planning scheme 1954[R]. Melbourne,1954.

图 3-18:"霍都网"步行可达性分析(1929 年)

图片来源:Melbourne and Metropolitan Board of Works. Melbourne metropolitan planning scheme 1954[R]. Melbourne,1954.

图 3-19:王子桥地区城市设计(1954 年)

图片来源:Melbourne and Metropolitan Board of Works. Melbourne metropolitan planning scheme 1954[R]. Melbourne,1954.

图 3-20:圣基尔达地区交通设计(1954 年)

图片来源:Melbourne and Metropolitan Board of Works. Melbourne metropolitan planning scheme 1954[R]. Melbourne,1954.

图 3-21:圣帕特里克大教堂(左)与墨尔本 ICI 大厦(右)

图片来源:

左:https://www. visitmelbourne. com/regions/Melbourne/See-and-do/History-and-heritage/Heritage-buildings/VV-St-Patricks-Cathedral.

右:https://www. australiandesignreview. com/architecture/skeletons-building-orica-house/.

图 3-22:墨尔本街道景观

图片来源:City of Melbourne. Walking plan[R]. Melbourne,2014.

图 3-23:墨尔本中心地段城市设计(1954 年)

图片来源:Melbourne and Metropolitan Board of Works. Melbourne metropolitan planning scheme 1954[R]. Melbourne,1954.

图 4-1:澳大利亚维多利亚州与美国机动车数量增长情况(20 世纪上半叶)

图片来源:Melbourne and Metropolitan Board of Works. Melbourne metropolitan planning scheme 1954[R]. Melbourne,1954.

图 4-2:墨尔本都市区范围(1974 年)

图片来源:Melbourne and Metropolitan Board of Works. Planning policies for the Melbourne metropolitan region and amending planning schemes:Report on general concept objections[R].

Melbourne,1974.

图 4-3:柯林斯街景(20 世纪中期)

图片来源:Melbourne and Metropolitan Board of Works. Planning policies for the Melbourne metropolitan region and amending planning schemes: Report on general concept objections[R]. Melbourne,1974.

图 4-4:墨尔本的低质量住房(20 世纪中期)

图片来源:The Metropolitan Town Planning Commission. Plan of general development Melbourne[R]. Melbourne,1929.

图 4-5:墨尔本世博会展馆与卡尔顿花园

图片来源:作者拍摄

图 4-6:柯林斯街景(19 世纪 80 年代)

图片来源:LEWIS M. Melbourne: The city's history and development[M]. Melbourne: Impact Printing (Vic.) Pty Ltd,1995.

图 4-7:墨尔本城市扩张趋势

图片来源:Melbourne and Metropolitan Board of Works. Melbourne metropolitan planning scheme 1954: Surveys and analysis[R]. Melbourne,1954.

图 4-8:墨尔本都市区规模

图片来源:Melbourne and Metropolitan Board of Works. Melbourne metropolitan planning scheme 1954[R]. Melbourne,1954.

图 4-9:墨尔本都市区人口密度特点(20 世纪中期)

图片来源:Melbourne and Metropolitan Board of Works. Melbourne metropolitan planning scheme 1954[R]. Melbourne,1954.

图 4-10:墨尔本工业用地分布(20 世纪中期)

图片来源:Melbourne and Metropolitan Board of Works. Melbourne metropolitan planning scheme 1954: Surveys and analysis[R]. Melbourne,1954.

图 4-11:墨尔本城乡空间结构

图片来源:Melbourne and Metropolitan Board of Works. Metropolitan strategy implementation[R]. Melbourne, 1981.

图 4-12:墨尔本公园系统规划(1929 年)

图片来源:The Metropolitan Town Planning Commission. Plan of general development Melbourne[R]. Melbourne,1929.

图 4-13:依托水系规划的大型都市公园

图片来源:Melbourne and Metropolitan Board of Works. Metropolitan strategy implementation[R]. Melbourne, 1981.

图 4-14：墨尔本雅拉河谷今昔对比

图片来源：The Metropolitan Town Planning Commission. Plan of general development Melbourne[R].
Melbourne,1929.

图 4-15：工业建筑入侵住宅区

图片来源：Melbourne and Metropolitan Board of Works. Melbourne metropolitan planning scheme 1954：
Surveys and analysis[R]. Melbourne,1954.

图 4-16：墨尔本 Maidstone 郊区规划（1929 年）

图片来源：The Metropolitan Town Planning Commission. Plan of general development Melbourne[R].
Melbourne,1929.

图 4-17：墨尔本城市规划分区（1954 年）

图片来源：Melbourne and Metropolitan Board of Works. Melbourne metropolitan planning scheme
1954[R]. Melbourne,1954.

图 4-18：住宅改造计划

图片来源：作者根据 Metropolitan strategy implementation 资料绘制

图 4-19：墨尔本的四种主要住宅建筑形式

图片来源：Melbourne and Metropolitan Board of Works. Melbourne metropolitan planning scheme
1954[R]. Melbourne,1954.

图 4-20：墨尔本的郊区公共开放空间（20 世纪中期）

图片来源：Melbourne and Metropolitan Board of Works. Melbourne metropolitan planning scheme
1954[R]. Melbourne,1954.

图 4-21：墨尔本都市区公共运动场地分布（1954 年）

图片来源：Melbourne and Metropolitan Board of Works. Melbourne metropolitan planning scheme 1954：
Surveys and analysis[R]. Melbourne,1954.

图 4-22：墨尔本滨海郊区 Brighton(20 世纪早期)

图片来源：The Metropolitan Town Planning Commission. Plan of general development Melbourne[R].
Melbourne,1929.

图 4-23：墨尔本都市区公共空间规划指标（1954 年）

图片来源：Melbourne and Metropolitan Board of Works. Melbourne metropolitan planning scheme
1954[R]. Melbourne,1954.

图 4-24：墨尔本都市区公共空间布局规划（1954 年）

图片来源：Melbourne and Metropolitan Board of Works. Melbourne metropolitan planning scheme
1954[R]. Melbourne,1954.

图 4-25：公共交通支撑的郊区化拓展

图片来源：Melbourne and Metropolitan Board of Works. Melbourne metropolitan planning scheme

1954[R]. Melbourne,1954.

图 4-26:墨尔本都市区交通规模预测
图片来源:Melbourne and Metropolitan Board of Works. Melbourne metropolitan planning scheme 1954:
Surveys and analysis[R]. Melbourne,1954.

图 4-27:墨尔本都市区交通规划(1969 年)
图片来源:Melbourne and Metropolitan Board of Works. Planning policies for the Melbourne
metropolitan region[R]. Melbourne,1971.

图 4-28:墨尔本都市区商业格局(20 世纪中期)
图片来源:Melbourne and Metropolitan Board of Works. Melbourne metropolitan planning scheme 1954:
Surveys and analysis[R]. Melbourne,1954.

图 4-29:美国波士顿郊区购物中心(20 世纪中期)
图片来源:Melbourne and Metropolitan Board of Works. Melbourne metropolitan planning scheme
1954[R]. Melbourne,1954.

图 4-30:墨尔本的五个地区中心(1954 年)
图片来源:Melbourne and Metropolitan Board of Works. Melbourne metropolitan planning scheme
1954[R]. Melbourne,1954.

图 4-31:墨尔本东部地区中心博士山规划方案
图片来源:Melbourne and Metropolitan Board of Works. Melbourne metropolitan planning scheme 1954:
Surveys and analysis[R]. Melbourne,1954.

图 5-1:墨尔本都市区空间格局(20 世纪 80 年代)
图片来源:Melbourne and Metropolitan Board of Works. Metropolitan strategy implementation[R].
Melbourne, 1981.

图 5-2:环境状况不佳的维多利亚市场
图片来源:Melbourne and Metropolitan Board of Works. Melbourne metropolitan planning scheme 1954:
Surveys and analysis[R]. Melbourne,1954.

图 5-3:都市区重点发展区域(20 世纪 80 年代)
图片来源:Melbourne and Metropolitan Board of Works. Metropolitan strategy implementation[R].
Melbourne, 1981.

图 5-4:墨尔本城市中心区功能布局(20 世纪 80 年代)
图片来源:Melbourne and Metropolitan Board of Works. Metropolitan strategy implementation[R].
Melbourne, 1981.

图 5-5:墨尔本城市中心肌理演变
图片来源:作者绘

图 5-6:城市中心区 Law Court 地块更新规划(1954 年)

图片来源:Melbourne and Metropolitan Board of Works. Melbourne metropolitan planning scheme 1954[R]. Melbourne,1954.

图 5-7:墨尔本街道景观(20 世纪 80 年代)

图片来源:Melbourne and Metropolitan Board of Works. Metropolitan strategy implementation[R]. Melbourne, 1981.

图 5-8:墨尔本城市中心街区格局

图片来源:The Metropolitan Town Planning Commission. Plan of general development Melbourne[R]. Melbourne,1929.

图 5-9:墨尔本都市区人口格局(20 世纪 90 年代)

图片来源:Government of Victoria. Living suburb: A policy for metropolitan Melbourne in to the 21st Century[R]. Melbourne,1995.

图 5-10:墨尔本"空心化"发展趋势(1928—1996)

图片来源:State of Victoria. Melbourne 2030—Planning for sustainable growth[R]. Melbourne,2002.

图 5-11:扬·盖尔公共空间研究方法

图片来源:作者绘

图 5-12:扬·盖尔公共空间调查范围

图片来源:GEHL J. Places for people[R]. Melbourne,2004.

图 5-13:扬·盖尔制定的公共空间规划策略

图片来源:GEHL J. Places for people[R]. Melbourne,2004.

图 5-14:墨尔本南岸区游戏空间

图片来源:作者拍摄

图 5-15:墨尔本南岸区滨水空间

图片来源:作者拍摄

图 5-16:墨尔本联邦广场鸟瞰图

图片来源:谷歌卫星地图

图 5-17:墨尔本联邦广场日常使用情况

图片来源:作者拍摄

图 5-18:墨尔本皇后桥广场鸟瞰图

图片来源:谷歌卫星地图

图 5-19:墨尔本皇后桥广场公共空间

图片来源:作者拍摄

图 5-20:墨尔本露天座椅增长与对比情况

图片来源:GEHL J. Places for people[R]. Melbourne,2004.

图 5-21:墨尔本建筑艺术
图片来源:作者拍摄

图 5-22:墨尔本街头公共艺术
图片来源:作者拍摄

图 5-23:墨尔本城市中心区公共艺术规划
图片来源:GEHL J. Places for people[R]. Melbourne,2004.

图 5-24:墨尔本城市中心区公共座椅规划
图片来源:GEHL J. Places for people[R]. Melbourne,2004.

图 5-25:墨尔本城市中心区公共服务设施规划
图片来源:GEHL J. Places for people[R]. Melbourne,2004.

图 5-26:墨尔本城市中心区公共活动层级规划(1994 年)
图片来源:GEHL J. Places for people[R]. Melbourne,2004.

图 5-27:墨尔本城市中心区公共活动层级规划(2004 年)
图片来源:GEHL J. Places for people[R]. Melbourne,2004.

图 5-28:城市中心区道路功能规划(2004 年)
图片来源:GEHL J. Places for people[R]. Melbourne,2004.

图 5-29:墨尔本南岸区建筑界面人性化设计
图片来源:作者拍摄

图 5-30:墨尔本公园公共艺术活动
图片来源:作者拍摄

图 5-31:墨尔本城市公共空间研究范围拓展
图片来源:作者绘

图 5-32:墨尔本城市公共空间比较研究
图片来源:作者根据 Places for people—Establishing a platform of evidence to shape Melbourne's future 内容整理绘制

图 5-33:墨尔本城市公共空间增长情况(1980—2000)
图片来源: City of Melbourne. Places for people—Establishing a platform of evidence to shape Melbourne's future[R]. Melbourne, 2015.

图 5-34:墨尔本城市公共空间层级质量演变(1993—2013)
图片来源: City of Melbourne. Places for people—Establishing a platform of evidence to shape Melbourne's future[R]. Melbourne, 2015.

图 5-35:墨尔本城市中心区居住用地增长情况(2004—2012)
图片来源:City of Melbourne. Places for people—Establishing a platform of evidence to shape Melbourne's future[R]. Melbourne, 2015.

图 6-1:墨尔本南岸区行政范围
图片来源:作者绘

图 6-2:南岸区雅拉河码头景象(19 世纪初)
图片来源:LEWIS M. Melbourne:The city's history and development[M]. Melbourne:Impact Printing (Vic.) Pty Ltd,1995.

图 6-3:南岸区景象(20 世纪中期)
图片来源:Melbourne and Metropolitan Board of Works. Melbourne metropolitan planning scheme 1954:Surveys and analysis[R]. Melbourne,1954.

图 6-4:南岸区今貌
图片来源:作者拍摄

图 6-5:美国旧金山、洛杉矶 20 世纪中期现代主义住宅区
图片来源:Melbourne and Metropolitan Board of Works. Melbourne metropolitan planning scheme 1954:Surveys and analysis[R]. Melbourne,1954.

图 6-6:被炸毁的美国普鲁伊特-伊戈住宅区
图片来源:https://www.atlasobscura.com/articles/pruitt-igoe.

图 6-7:美国萨凡纳花园城市规划
图片来源:https://www.libs.uga.edu/darchive/hargrett/maps/1910h62.jpg.

图 6-8:巴黎拉德芳斯公共空间
图片来源:https://www.51wendang.com/doc/7d9f72fcbbcc95e1099aa832.

图 6-9:墨尔本《南岸区空间结构规划 2010》
图片来源:City of Melbourne. Southbank structure plan 2010:A 30-year vision for Southbank structure plan 2010 [R]. Melbourne,2010.

图 6-10:南岸区城市空间肌理
图片来源:City of Melbourne. Southbank structure plan 2010:A 30-year vision for Southbank structure plan 2010 [R]. Melbourne,2010.

图 6-11:南岸区的代表性公共建筑
图片来源:作者拍摄

图 6-12:南岸区雅拉河滨水景观
图片来源:作者拍摄

图 6-13:南岸区连接 CBD 的步行桥设计

图片来源:作者拍摄

图 6-14:南岸区城市功能分区
图片来源:City of Melbourne. Southbank structure plan 2010: A 30-year vision for Southbank structure plan 2010 [R]. Melbourne,2010.

图 6-15:南岸区混合用地功能规划
图片来源:City of Melbourne. Southbank structure plan 2010: A 30-year vision for Southbank structure plan 2010 [R]. Melbourne,2010.

图 6-16:南岸区建筑保护规划
图片来源:City of Melbourne. Southbank structure plan 2010: A 30-year vision for Southbank structure plan 2010 [R]. Melbourne,2010.

图 6-17:墨尔本码头区今昔对比
图片来源: The Metropolitan Town Planning Commission. Plan of general development Melbourne[R]. Melbourne, 1929. (左图)
https://www. realestate. com. au/news/voyager-docklands-latest-tower-43-levels/. (右图)

图 6-18:墨尔本码头区交通规划(1954 年)
图片来源:Melbourne and Metropolitan Board of Works. Melbourne Metropolitan Planning Scheme 1954[R]. Melbourne,1954.

图 6-19: 霍都网、南岸区、码头区空间肌理对比
图片来源: City of Melbourne. Places for people—Establishing a platform of evidence to shape Melbourne's future[R]. Melbourne, 2015.

图 6-20:码头区空间单位设计要素
图片来源:City of Melbourne. Docklands public realm plan[R]. Melbourne,2012.

图 6-21:码头区滨水公共空间系统
图片来源:City of Melbourne. Docklands public realm plan[R]. Melbourne,2012.

图 6-22:码头区公共活动空间
图片来源:Victoria State Government. Plan Melbourne 2017 - 2050[R]. Melbourne,2017.

图 6-23:码头区步行系统优化策略
图片来源:City of Melbourne. Docklands public realm plan[R]. Melbourne,2012.

图 6-24:码头区步行系统规划
图片来源:City of Melbourne. Docklands public realm plan[R]. Melbourne,2012.

图 6-25:新港中央公园设计
图片来源:City of Melbourne. Docklands public realm plan[R]. Melbourne,2012.

图 6-26:维多利亚绿洲设计

图片来源:City of Melbourne. Docklands public realm plan[R]. Melbourne,2012.

图 6-27:码头广场设计

图片来源:City of Melbourne. Docklands public realm plan[R]. Melbourne,2012.

图 7-1:墨尔本产业格局(20 世纪 90 年代)

图片来源:State of Victoria. Plan Melbourne:Metropolitan planning strategy [R]. Melbourne,2014.

图 7-2:墨尔本城市规划 2017—2050

图片来源:Victoria State Government. Plan Melbourne 2017 - 2050[R]. Melbourne,2017.

图 7-3:墨尔本都市区人均公共开放空间指标(2012 年)

图片来源:Victoria State Government. Plan Melbourne 2017-2050[R]. Melbourne,2017.

图 7-4:墨尔本城市热岛效应

图片来源:City of Melbourne. Urban forest strategy [R]. Melbourne:City of Melbourne,2012.

图 7-5:墨尔本地表温度差异(2005 年)

图片来源:City of Melbourne. Urban forest strategy [R]. Melbourne:City of Melbourne,2012.

图 7-6:城市公共空间多边系统关系

图片来源:作者绘

图 7-7:墨尔本城市公共空间规划机制

图片来源:作者绘

图 7-8:墨尔本出行方式与出行比例预测

图片来源:Future Melbourne Committee. Transport strategy 2012:Planning for future growth[R]. Melbourne,2012.

图 7-9:墨尔本城市中心区街道模式演变

图片来源:City of Melbourne. Road safety plan 2013 - 2017 [R]. Melbourne,2013.

图 7-10:道路改造前后对比

图片来源:State of Victoria. Plan Melbourne:Metropolitan planning strategy [R]. Melbourne,2014.

图 7-11:电车站道路铺装改造

图片来源:City of Melbourne. Transport strategy 2012:Planning for future growth [R]. Melbourne,2012.

图 7-12:墨尔本市区步行优先道路

图片来源:City of Melbourne. Walking plan[R]. Melbourne,2014.

图 7-13:墨尔本市区步行通勤分层规划(2012 年)

图片来源:City of Melbourne. Walking plan[R]. Melbourne,2014.

图 7-14:城市中心区步行系统与公共建筑协同规划

图片来源:作者绘

图 7-15:墨尔本骑行系统规划(2012 年)

图片来源:City of Melbourne. Transport strategy 2012: Planning for future growth [R]. Melbourne,2012.

图 7-16:墨尔本骑行主干道拓展计划(2016 年)

图片来源:State of Victoria. Plan Melbourne: Metropolitan planning strategy [R]. Melbourne,2014.

图 7-17:墨尔本骑行大数据分析(2016 年)

图片来源:City of Melbourne. Bicycle plan 2016 - 2020 [R]. Melbourne,2016.

图 7-18:墨尔本地铁系统

图片来源:State of Victoria. Plan Melbourne: Metropolitan planning strategy [R]. Melbourne,2014.

图 7-19:墨尔本有轨电车系统

图片来源:City of Melbourne. Transport strategy 2012: Planning for future growth [R]. Melbourne,2012.

图 7-20:墨尔本出行方式变化趋势

图片来源:City of Melbourne. Walking plan[R]. Melbourne,2014.

图 7-21:墨尔本都市区公共交通可达性(2010 年)

图片来源:City of Melbourne. Transport strategy 2012: Planning for future growth [R]. Melbourne,2012.

图 7-22:墨尔本城市中心区公共交通可达性规划(2010—2030)

图片来源:City of Melbourne. Transport strategy 2012: Planning for future growth [R]. Melbourne,2012.

图 7-23:墨尔本都市森林计划框架

图片来源:作者绘

图 7-24:墨尔本 21 世纪都市生态格局

图片来源:State of Victoria. Melbourne 2030—Planning for sustainable growth[R]. Melbourne,2002.

图 7-25:墨尔本滨海开放空间生态格局

图片来源:State of Victoria. Melbourne 2030—Planning for sustainable growth[R]. Melbourne,2002.

图 7-26:墨尔本景观树种价值观演变

图片来源:作者绘

图 7-27:城市景观植物多元价值认知

图片来源:作者绘

图 7-28:南岸区水敏感城市设计

图片来源:City of Melbourne. Southbank sustainable utilities study[R]. Melbourne,2010.

图 7-29：墨尔本水系统运行机制

图片来源：作者根据 Southbank structure plan 2010：A 30-year vision for Southbank structure plan 2010 内容绘制

图 7-30：水敏感城市设计体系

图片来源：作者绘

表 4-1：墨尔本所在维多利亚州 20 世纪上半叶工业规模与发展趋势

资料来源：Melbourne and Metropolitan Board of Works. Melbourne metropolitan planning scheme 1954：Surveys and analysis[R]. Melbourne,1954.

表 4-2：城市公园系统规划内容、面积与土地成本

资料来源：The Metropolitan Town Planning Commission. Plan of general development Melbourne[R]. Melbourne,1929.

表 4-3：城市公园系统年均增长规模

资料来源：The Metropolitan Town Planning Commission. Plan of general development Melbourne[R]. Melbourne,1929.

表 7-1：墨尔本景观树种评价体系

资料来源：City of Melbourne. 2011 tree species selection strategy for the city of Melbourne [R]. Melbourne：City of Melbourne,2012.